微单

摄影与视频拍摄入门

雷波◎编著

化学工业出版社

·北京·

内 容 简 介

本书针对正在使用或准备购买微单相机的摄影爱好者，较为全面地讲解了微单相机的基础操作和实用菜单功能、与摄影相关的基本理论及相关配件的使用方法。

考虑到许多摄影爱好者除了拍摄照片，同时也会拍摄视频，因此本书也讲解了拍摄视频要理理解的术语、相关附件的使用技巧、镜头语言及录制视频的操作流程和相关的视频菜单功能。

本书适合希望掌握使用微单相机拍摄照片或视频等技术的爱好者，同时也可用作开设摄影、视频拍摄相关专业的各大中专院校的教材。

图书在版编目（CIP）数据

微单摄影与视频拍摄入门 / 雷波编著 . —北京：化学
工业出版社，2024.8
ISBN 978-7-122-45669-4

Ⅰ . ①微… Ⅱ . ①雷… Ⅲ . ①数字照相机 – 单镜头反
光照相机 – 摄影技术 Ⅳ . ① TB86 ② J41

中国国家版本馆 CIP 数据核字（2024）第 098712 号

责任编辑：潘　清　孙　炜　　　　　　　装帧设计：异一设计
责任校对：宋　玮

出版发行：化学工业出版社（北京市东城区青年湖南街 13 号　邮政编码 100011）
印　　装：北京宝隆世纪印刷有限公司
710mm×1000mm 1/16　印张 14¾　字数 352 千字　2024 年 7 月北京第 1 版第 1 次印刷

购书咨询：010-64518888　　　　　　　售后服务：010-64518899
网　　址：http://www.cip.com.cn
凡购买本书，如有缺损质量问题，本社销售中心负责调换。

定　　价：89.00 元　　　　　　　　　　　　　　　版权所有　违者必究

前言

PREFACE

毫无疑问，在这个社会发展迅速的时代，摄影与摄像、线下与线上、娱乐与创业，正在相互融合，这给予了每一位摄影爱好者利用兴趣爱好进行创业变现的机会。

正是基于这样一个基本认识，本书针对正在使用微单相机或正准备购买微单相机的摄影爱好者，通过结构创新推出了这本整合了摄影与视频拍摄相关理论的学习书籍。

本书以佳能 R5、尼康 Z8 以及索尼 α7S Ⅲ 微单相机为例，讲解了使用微单相机应该掌握的相机按钮和实用菜单功能，如设置图像画质、触摸控制、清除全部相机设置、自定义按钮、长时间曝光降噪等功能，还讲解了摄影及拍摄视频共性基本理论，比如曝光三要素、色温与白平衡关系、对焦、测光、构图等用光理论等。

在视频拍摄方面，本书讲解了拍摄视频应该了解的软、硬件知识，如拍摄视频常用的稳定器、收音设备、灯光设备、提词器、外接电源；拍摄视频必须正确设置视频参数的意义，如视频分辨率、视频制式、码率、帧频、色深；拍摄视频要了解的镜头语言、运镜方式，并通过一个小案例示范了分镜头脚本的写作方法；录制常规视频、延时视频、慢动作视频的操作方法，以及与视频相关的实用的菜单功能。

学习了本书后，在摄影领域，各位读者将具有玩转手中的微单相机、理解摄影基本理论、拍摄常见题材的基本能力；在视频拍摄领域，笔者虽然不能保证各位读者一定可以拍出流畅、精致的视频，但一定会对当前火热的视频拍摄有全局性认识。不仅能知道应该购买什么样的硬件设备，在拍摄视频时应该如何设置画质、尺寸、帧频等参数，还将具备深入学习视频拍摄的理论基础，为以后拍摄微电影、VLOG 打下良好基础。

为了拓展本书内容，本书还将附赠一门微单使用学习视频课程、一门摄影技巧讲解视频课程、一门短视频后期剪辑视频课程、一本人像摆姿摄影电子书（PDF）、一本摄影常见题材拍摄技法及佳片赏析电子书（PDF），以及 1000 张摄影佳片。

为了方便交流与沟通，欢迎读者朋友添加我们的客服微信 hjysy1635，与我们在线交流，也可以加入摄影交流 QQ 群（327220740），与众多喜爱摄影的小伙伴交流。

如果希望每日接收新鲜、实用的摄影技巧，可以关注我们的微信公众号"好机友摄影视频拍摄与 AIGC"；或在今日头条搜索"好机友摄影""北极光摄影"，在百度 APP 中搜索"好机友摄影课堂""北极光摄影"，以关注我们的头条号、百家号；在抖音搜索"好机友摄影""北极光摄影"，关注我们的抖音号。

编　者

2024 年 7 月

目 录
CONTENTS

第 1 章 微单相机的基础操作与实用菜单功能

第2章 决定照片品质的曝光、对焦、景深及白平衡

第3章 构图与用光美学基础理论

第4章 镜头、滤镜及脚架等附件的使用技巧

第5章 拍视频要理解的术语

第6章 拍视频的必备附件

第7章 拍视频必学的镜头语言与分镜头脚本的撰写方法

第 8 章 录制常规、延时及慢动作视频的参数设置方法

第 9 章 用 Wi-Fi 功能连接手机及 USB 流式传输

第1章

微单相机的基础操作
与实用菜单功能

佳能微单相机使用 INFO. 按钮切换屏幕显示信息

　　使用佳能微单相机在拍摄过程中，通常要随时查看相机的拍摄参数，以确认当前拍摄参数是否符合拍摄场景。在相机开机状态下，按下 INFO. 信息按钮即可在液晶显示屏上显示参数。

　　当相机处于拍摄状态时，每次按下此按钮，便可在液晶屏幕或取景器中切换显示不同的拍摄信息，便于用户在拍摄过程中随时查看相关参数并做出调整。例如，在拍摄有水平线或地平线的画面时，可以利用数字水平量规辅助构图。

○ INFO. 按钮

○ 显示拍摄模式、快门速度、光圈、感光度、曝光补偿等基本信息

○ 选择此选项，将显示完整的拍摄信息

○ 在显示完整拍摄信息的基础上，再增加显示直方图和数字水平量规，以确定照片是否曝光合适，以及确认相机是否处于水平状态

○ 屏幕上仅显示图像，不显示拍摄参数

○ 屏幕上仅显示拍摄信息（没有影像）。在使用取景器拍摄时最适合选择此选项

尼康微单相机使用 DISP 按钮切换屏幕显示信息

　　使用尼康微单相机在拍摄过程中，按下 DISP 信息按钮可以在液晶显示屏上显示参数。每次按下此按钮，可以按直方图→电子水准仪→取景器→详细信息→基本信息的顺序依次在液晶屏幕中切换显示不同的拍摄信息，便于用户在拍摄过程中随时查看相关参数并做出调整。

○ DISP 按钮

○ 直方图

○ 电子水准仪

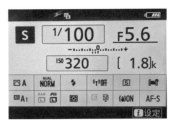
○ 取景器

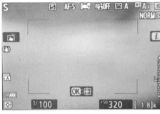
○ 详细信息

○ 基本信息

索尼微单相机使用 DISP 按钮切换屏幕显示信息

要使用索尼微单相机进行拍摄，必须了解如何查看光圈、快门速度、感光度、电池电量、拍摄模式、测光模式等相关拍摄信息，以便在拍摄时根据需要及时调整这些参数。

按下控制拨轮上的DISP按钮，即可显示拍摄信息。每按一次此按钮，拍摄信息就会按默认的显示顺序切换一次。

默认显示顺序为：显示全部信息→无显示信息→柱状图→数字水平量规→取景器。

○ 控制拨轮上的 DISP 按钮

○ 显示全部信息

○ 无显示信息

○ 柱状图

○ 数字水平量规

○ 取景器

掌握微单相机速控按钮的使用方法

许多摄影爱好者都曾遇到过这样的情况，在有局域光、耶稣光照射的场景拍摄，有时还没设置好拍摄参数，光线就消失了。对摄影爱好者来说，这种因为设置相机的菜单或功能参数而错失拍摄时机的情况，是一件非常遗憾的事情。针对这种情况，最好的解决方法之一，就是熟悉相机基本按钮的使用方法，掌握快速设置常用参数的方法。

本节讲解了两个重要按钮的使用方法，但这对于掌握相机的基本操作很显然是远远不够的，各位读者可以参考本书附赠的视频课程，学习相机更多按钮的使用方法。

佳能微单相机使用 Q 按钮设置常用参数

佳能各个型号相机的机身背面都提供了速控按钮Q，在开机的情况下，按下此按钮即可开启速控屏幕，在液晶监视器上进行所有的查看与设置工作。

在照片回放状态下，如果按下Q按钮，即可调用此状态下的速控屏幕。此时，通过选择速控屏幕中的不同图标，可以进行保护图像、旋转图像等操作。

○ 速控按钮

○ 当按 INFO. 按钮切换为屏幕仅显示参数界面并使用取景器取景时，按下Q按钮后屏幕上显示的速控屏幕状态

○ 当使用屏幕取景时，按下Q按钮后显示的速控屏幕状态

○ 在播放照片模式下，按下Q按钮后显示的速控屏幕状态

使用速控屏幕设置参数的步骤如下。

（1）进入速控屏幕。

（2）按▲、▼方向键选择要设置的功能。

（3）转动主拨盘和速控转盘○可改变设置。

（4）选择一个参数后按下SET按钮，进入该参数的详细设置界面。调整参数后再按SET按钮返回上一级界面。

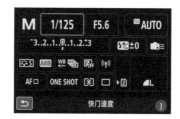

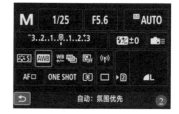

尼康微单相机使用 *i* 按钮设置常用参数

使用尼康微单相机拍摄时，常用的参数设置都可以在显示屏(即相机背面的液晶显示屏)中进行设置。

在拍摄模式下，按下 *i* 按钮便可以进入常用菜单设定界面，在其中可以进行优化校准、图像品质、AF区域模式、白平衡模式、测光模式及对焦模式等常用功能的设置。

而在视频拍摄、播放照片模式下，按下 *i* 按钮也会显示与视频或播放相关的常用菜单。

○ *i* 按钮

○ 当屏幕实时显示图像时，按下 *i* 按钮显示的常用菜单设定界面

○ 在信息显示状态，按下 *i* 按钮显示的常用菜单设定界面

○ 在播放照片模式下，按下 *i* 按钮显示的常用菜单设定界面

下面讲解在常用设定界面中设置所需参数的步骤。

（1）按下 *i* 按钮以显示常用菜单设定界面。

（2）使用多重选择器选择要设置的拍摄参数。

（3）转动主指令拨盘选择一个选项，若存在子选项，则转动副指令拨盘进行选择。然后按下OK按钮确定。

（4）也可以在步骤（2）的基础上，按下OK按钮进入该拍摄参数的具体设置界面。

（5）按下◀和▶方向键选择所需的参数，然后按下OK按钮返回初始界面。

如果是使用触摸的方式操作，可以在显示屏拍摄信息处于激活状态下时，点击屏幕上的 🄸设定 图标进入常用菜单设定界面，然后通过点击的方式进行选择操作。

索尼微单相机使用 Fn 按钮设置常用参数

索尼微单相机的快速导航界面是指在任何一种照相模式下，按 Fn（功能）按钮后，在液晶显示屏上显示的用于更改各项拍摄参数的界面。快速导航界面有以下两种显示形式。

当液晶显示屏显示为取景器拍摄画面时，按下Fn按钮后显示如下图所示的界面。

○ 快速导航界面 1

当液晶显示屏显示为取景器画面以外的其他4种显示画面时，按下Fn按钮后显示如下图所示的界面。

○ 快速导航界面 2

两种快速导航界面的详细操作步骤如右侧所示。

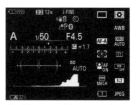

❶ 按 DISP 按钮，选择取景器拍摄画面

❷ 按 Fn 按钮后显示快速导航界面 1，点击选择要修改的项目

❸ 转动前转盘选择所需设置的选项，部分功能设置还可以转动后转盘进行选择，然后按控制拨轮中央按钮确定

❹ 也可以在步骤❷中选择好要修改的项目后进入其详细设置界面，点击选择所需修改的选项，部分功能还可以在右侧选择所需设置，然后点击 OK 图标确定

❶ 按 DISP 按钮，选择取景画面以外的显示画面

❷ 按 Fn 按钮后显示快速导航界面 2，点击选择要修改的项目

❸ 转动前转盘选择所需设置的选项，部分功能设置还可以转动后转盘进行选择，然后按控制拨轮中央按钮确定

❹ 也可以在步骤❷中选择好要修改的项目后进入详细设置界面，点击选择所需修改的选项，部分功能还可以在右侧选择所需设置，然后点击 OK 图标确定

设置微单相机的显示菜单功能

设置节电提高相机的续航能力

微单相机的耗电量较大，使用佳能微单相机一定要运用好"节电"功能，通过控制显示屏、相机及取景器自动关闭的时间来节电。

佳能 R5 相机设定步骤

❶ 在**设置菜单 2** 中选择**节电**选项　❷ 选择要修改的选项　❸ 选择一个时间选项，然后点击 SET OK 图标确定

尼康微单相机利用"电源关闭延迟"菜单，可以控制未执行任何操作时在"播放""菜单""图像查看"及待机过程中选择"待机定时器"，显示屏保持开启的时间长度。

尼康 Z8 相机设定步骤

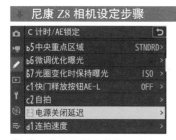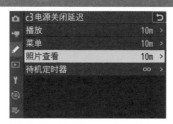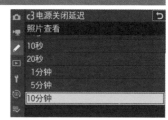

❶ 进入**自定义设定**菜单，点击 C 计时 /AE 锁定中的 C3 电源关闭延迟选项　❷ 在其子菜单中可以点击**播放**、**菜单**、**照片查看**或**待机定时器**选项　❸ 如果选择**播放**选项，点击设置回放照片时显示屏关闭的延迟时间

使用索尼微单相机可以在"自动关机开始时间"菜单中，可以控制相机在未执行任何操作时显示屏保持开启的时间长度。

时间设置得越短，对节省电池的电力越有利。这一点在身处严寒环境中拍摄时显得尤其重要，因为在这样的低温环境中电池电力的消耗会很快。

索尼 α7S III 相机设定步骤

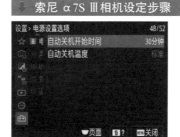

❶ 在**设置菜单**中的第 8 页**电源设置选项**中，点击选择**自动关机开始时间**选项　❷ 点击选择一个时间选项

显示网格线辅助构图

使用佳能微单相机的"显示网格线"菜单功能,可以设置是否在屏幕和取景器中显示 ╫、▦、※ 等类型的构图辅助网格线,以帮助摄影师进行比较精确的构图。

⬇ 佳能 R5 相机设定步骤

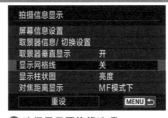 

❶ 在**拍摄菜单 7** 中选择**拍摄信息显示**选项　　❷ 选择**显示网格线**选项　　❸ 选择要显示的网格线类型

尼康微单相机的"网格类型"菜单中有3×3、4×4、5×4、1:1、16:9类型的网格线。使用时要注意开启"自定义显示屏拍摄显示"中关于网格线的显示选项开关。

⬇ 尼康 Z8 相机设定步骤

 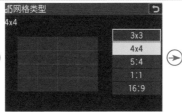 

❶ 进入**自定义设定**菜单后,点击 **d 拍摄 / 显示**中的 **d15 网格类型**选项　　❷ 点击选择所需的网格类型选项　　❸ 显示网格时显示屏的状态

索尼微单相机要在液晶显示屏上显示网格线,需要先开启"网格线显示"功能,然后在"网格线类型"菜单中选择要显示的网格线类型,包含"三等分线网格""方形网格""对角 + 方形网格"三个选项。

⬇ 索尼 α7S Ⅲ 相机设定步骤

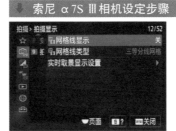 

❶ 在**拍摄菜单**中的第 9 页**拍摄显示**中,点击选择**网格线显示**选项　　❷ 点击选择**开**或**关**选项

❶ 在**拍摄菜单**中的第 9 页**拍摄显示**中,点击选择**网格线类型**选项　　❷ 点击选择一种网格线选项

将设置应用于显示屏以显示预览效果

佳能微单相机的"曝光模拟"菜单用于在液晶显示屏及取景器中模拟实际图像看起来的亮度（曝光）。

■启用：选择此选项，显示的图像亮度将接近于最终图像的实际亮度（曝光），如果设置曝光补偿，画面亮度会随之变化。

■ █ 期间：选择此选项，平时会以标准亮度显示以

便观看，只有当按住景深预览按钮期间，会进行曝光模拟。

■关闭：选择此选项，屏幕会以标准亮度显示，以便观看，即使设置曝光补偿，画面也不会有变化。

佳能R5相机设定步骤

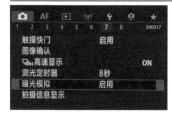

❶ 在**拍摄菜单 7** 中选择**曝光模拟**选项

❷ 点击选择所需的选项

在液晶显示屏取景模式下，当改变曝光补偿、白平衡、创意风格或照片效果时，通常可以在显示屏中即刻观察到这些设置的改变对照片的影响，以正确评估照片是否需要修改或如何修改这些拍摄设置。

但如果不希望这些拍摄设置影响液晶显示屏中显示的照片，尼康微单相机可以使用"查看模式（照片Lv）"、索尼微单相机可以使用"实时取景显示"菜单关闭此功能。

尼康 Z8 相机设定步骤

❶ 进入**自定义设定**菜单后，点击**d 拍摄 / 显示**中的 **d8 查看模式（照片 Lv）**选项

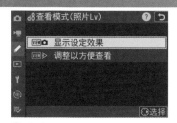

❷ 点击**显示设定效果**选项，然后点击 █选择图标进入下一步设置

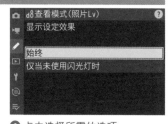

❸ 点击选择所需的选项

索尼 α7S Ⅲ 相机设定步骤

❶ 在**拍摄菜单**中的第 9 页**拍摄显示**中，点击选择**实时取景显示**选项

❷ 点击选择所需选项

设置拍摄时显示的信息

佳能微单相机在拍摄状态下按 INFO 按钮，可在液晶屏幕或取景器中切换显示拍摄信息。在"拍摄菜单 7"的"拍摄信息显示"菜单中，用户可以自定义设置显示的拍摄信息。拍摄时浏览这些拍摄信息，可以快速判断是否需要调整拍摄参数。

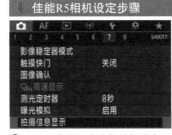

❶ 在**拍摄菜单 7** 中选择**拍摄信息显示**选项

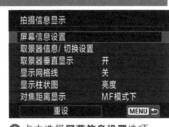

❷ 点击选择**屏幕信息设置**选项

❸ 选择要显示的屏幕序号，点击以添加勾选标志。点击 INFO 编辑屏幕 图标则可以进一步编辑

❹ 在此界面中，可以选择当前屏幕上所要显示的项目，完成后点击"确定"按钮以返回上一级界面

索尼微单相机在"设置菜单"的"DISP（画面显示）设置"菜单中，可以勾选按 DISP 按钮时所显示的拍摄信息选项。

❶ 在**设置菜单**中的第 3 页**操作自定义**中，点击选择 **DISP（画面显示）设置**选项

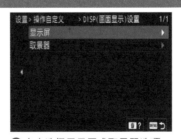

❷ 点击选择**显示屏**或**取景器**选项

❸ 点击选择所需要显示的选项以添加勾选标志，勾选完成后选择**确定**选项

设置微单相机的图像存储菜单功能

设置图像画质

在拍摄过程中，根据照片的用途及后期处理要求，可以通过"图像画质"菜单设置照片的保存格式与品质。如果用于专业输出或希望为后期调整留出较大的空间，则应采用RAW格式；如果只是日常记录或要求不太严格的拍摄，使用JPEG格式即可。

采用JPEG格式拍摄的优点是文件小、通用性高，适用于网络发布、家庭照片洗印等，而且可以使用多种软件对其进行编辑处理。虽然压缩率较高，损失了较多的细节，但肉眼基本看不出来，因此是一种最常用的文件存储格式。

RAW格式则是数码相机的一种文件格式，它充分记录了拍摄时的各种原始数据，因此具有极大的后期调整空间，但必须使用专用的软件来处理，如Photoshop、捕影工匠等，经过后期调整转换格式后才能够输出照片，因而在专业摄影领域常使用此格式进行拍摄。其缺点是文件特别大，尤其在连拍时会极大地降低连拍的数量。

需要指出的是，在索尼微单相机中是分为"文件格式"和"JPEG影像质量"菜单来设置的。

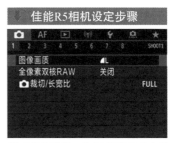

❶ 在**拍摄菜单 1** 中选择**图像画质**选项

❷ 点击选择 RAW 格式或者 JPEG 格式画质选项，然后点击 SET OK 图标确定

❶ 在**拍摄菜单**中的第 1 页**影像质量**中，点击选择**文件格式**选项

❷ 点击选择所需的选项

❸ 在**拍摄菜单**中的第 1 页**影像质量**中，点击选择 **JPEG 影像质量**选项

❹ 点击选择所需的选项

❶ 在**照片拍摄菜单**中点击**图像品质**选项

❷ 点击选择文件存储的格式及品质

设置图像尺寸

图像尺寸直接影响着最终输出照片的大小，通常情况下，只要存储卡空间足够，那么就建议使用大尺寸，以便于在计算机上通过后期处理软件，以裁剪的方式对照片进行二次构图处理。

另外，如果照片用于印刷、洗印等，推荐使用大尺寸记录。如果只是用于网络发布、简单地记录，或在存储卡空间不足时，则可以根据情况选择较小的尺寸。

尼康和索尼相机需要通过单独的菜单来设置图像尺寸，而在佳能微单相机中，在"图像画质"菜单中即可选择图像尺寸。

尼康Z8相机设定步骤

 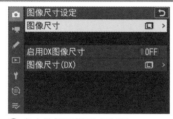 

❶ 在**照片拍摄**菜单中点击**图像尺寸设定**选项

❷ 点击选择**图像尺寸**选项

❸ 点击选择所需的照片的尺寸选项

索尼α7SⅢ相机设定步骤

❶ 在**拍摄菜单**中的第1页**影像质量**中，点击选择 **JPEG 影像尺寸**选项

❷ 点击选择照片的尺寸

80mm F5.6 1/200s ISO180

○ 街拍的照片大部分没有后期的必要性，可以设置小一点的尺寸

设置 RAW 文件压缩

众所周知，RAW 格式可以最大限度地记录照片的拍摄数据，比 JPEG 格式拥有更高的可调整宽容度，但其最大的缺点就是由于记录的信息很多，文件也非常大。在索尼微单相机和尼康微单相机中，可以根据需要设置已压缩选项，来减小文件容量。当然，在存储卡空间足够的情况下，应尽可能地选择未压缩的文件格式，从而为后期处理保留最大空间。

 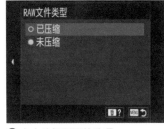

❶ 在**拍摄菜单**中的第 1 页**影像质量**中，点击选择 **RAW 文件类型**选项　❷ 点击选择所需的选项

■ 已压缩：选择此选项，以已压缩 RAW 格式记录照片。

■ 未压缩：选择此选项，则不会压缩 RAW 照片，以原始数据记录照片。但照片文件会比已压缩的 RAW 照片文件大，因此需要更多的存储空间。

在尼康微单相机中，如尼康 Z8 相机，可以根据需要在"RAW 录制"菜单中选择适当的压缩选项，以减小文件大小。

❶ 在**照片拍摄**菜单中点击 **RAW 录制**选项　❷ 点击选择所需的选项

■ 无损压缩：选择此选项，则使用可逆算法压缩RAW图像，可在不影响图像品质的情况下将文件压缩20%~40%。

■ 高效率★：选择此选项，产生的照片品质可以媲美"无损压缩"所产生的照片品质，但又高于"高效率"的照片品质，文件大小约缩减为无损压缩RAW格式的1/2。

■ 高效率：选择此选项，保持与无损压缩RAW格式相同的高品质，同时文件大小约减少1/3，使得RAW图像比以往更易于处理。

设置全像素双核 RAW

佳能微单相机，如佳能R5，携带了佳能相机较新的图像处理技术——全像素双核RAW优化。

当启用"全像素双核RAW"功能后，相机可以同时将正常影像和有视差影像的双像素数据，以及被摄体的纵深信息记录到一个RAW文件中。因为记录的信息更为丰富，所以与普通的RAW文件相比，文件大小是普通RAW文件的两倍。

与普通的RAW文件相比，全像素双核RAW的可调整性更高，用户结合佳能Digital Photo Professional（简称DPP）软件中的全像素RAW优化功能，可以很轻松地对画面进行解像感补偿、虚化偏移、鬼影消除等三大方面的精细处理。

■ 解像感补偿：通俗地讲，解像感补偿就是图像微调。由于全像素双核RAW文件中记录了照片的深度信息，那么只要在软件中通过微调，便可以进一步提高照片的焦点清晰度，从而得到高锐度的照片。这对于人像、鸟类、微距等对锐度要求较高的题材来说，有一定实用性。

■ 虚化偏移：由于全像素双核RAW文件中会记录到不同视点位置和纵深信息，通过在DPP软件中重新设定视点，便可以水平移动散景位置。这个功能主要运用在使用大光圈虚化前景的人像照片或者微距照片中。如果摄影师觉得虚化的前景影响到了主体表现，那么就可以使用此功能来适当水平移动前景的位置，但要注意移动的程度有限，不能期望过高。

■ 减轻鬼影：在逆光拍摄时，经常会遇到画面中出现鬼影和眩光，如果使用的是佳能R5的全像素双核RAW 格式记录，然后在DPP软件中进行后期处理，便能有效地减少画面中的鬼影及炫光现象。

50mm F2.2 1/320s ISO200

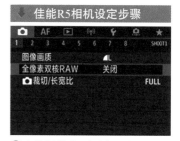

❶ 在**拍摄菜单1**中选择**全像素双核RAW**选项

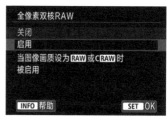

❷ 点击选择**启用**或**关闭**选项，然后点击 SET OK 图标确定

○ 通过对比右侧处理前与处理后的放大图可以看出，在对全像素双核RAW 格式的照片进行解像感补偿处理后，照片的清晰度得到了提高

○ 处理前

○ 处理后

设置影像区域

佳能全画幅微单相机（如佳能R5/R6），通常情况下，使用RF或EF镜头会以约36.0×24.0mm的感应器尺寸拍摄全画幅图像，但也为多样化拍摄提供了静止图像"裁切/长宽比"功能，在此菜单中，用户可以根据拍摄需求选择合适的长宽比选项，比如选择1.6倍（裁切）选项，相机可以放大图像的中央区域约1.6倍（与APS-C尺寸一样）来实现如同使用镜头拉近取景的拍摄效果。

如果希望拍摄出适合在宽屏计算机显示器或高清电视上查看的照片，可以将长宽比设置为16∶9。使用 4∶3 的长宽比拍摄出来的画面适用于在普通计算机上观看。使用 1∶1 的长宽比拍摄出来的画面是正方形的，当需要使用方画幅来表现主体或拍摄用于网络头像的照片时适合使用。

在拍摄区域设置界面，可以设定当长宽比为1∶1 、4∶3或16∶9时，是以黑色掩盖还是轮廓线标示取景范围。

❶ 在**拍摄菜单1**中选择**裁切/长宽比**选项

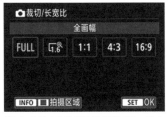

❷ 点击选择需要的比例选项，若点击了 **INFO** □ **拍摄区域** 图标，则可以选择拍摄区域

❸ 点击选择**掩蔽**或**轮廓**选项，然后点击 **SET OK** 图标确定

尼康全画幅微单相机为了满足用户获得更具个性的画面比例，除了 FX 格式，还提供了 DX、1∶1 及 16∶9 等三种影像区域，以尼康 Z8 相机为例，它的有效像素为 4571 万，即使在 DX 格式下，也可以获得约 1900 万的有效像素，这已经可以满足绝大部分日常拍摄及部分商业摄影的需求了。

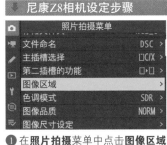

❶ 在**照片拍摄**菜单中点击**图像区域**选项

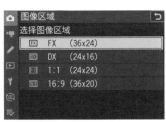

❸ 点击选择所需的选项

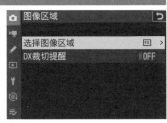

❷ 点击**选择图像区域**选项

❹ 如果点击了 **DX 裁切提醒**选项，使其处于 **ON** 的开启状态

设置微单相机的控制菜单功能

触摸控制

佳能、尼康以及索尼的微单相机的屏幕基本上都支持触摸操作，用户可以通过触摸屏幕来拍摄照片、设置菜单、回放照片等操作，要开启触摸模式需要设置相关菜单。

在佳能微单相机的"触摸控制"菜单中，用户可以选择触摸屏的灵敏度，如果想让相机反应迅速，那么可以选择"灵敏"选项，反之则可以选择"标准"选项。如果用户不习惯触摸的操作方式，则可以选择"关闭"选项，从而使用传统的按钮操作方式。

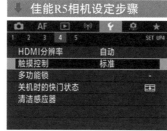

❶ 在**设置菜单4**中选择**触摸控制**选项

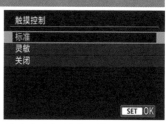

❷ 点击选择触摸屏幕的灵敏度，然后点击 SET OK 图标确定

❶ 在**拍摄菜单7**中选择**触摸快门**选项

❷ 点击选择**启用**选项

大部分佳能微单相机支持触摸快门拍摄。将"触摸快门"菜单设置为"启用"，即可使用触摸快门功能，点击屏幕上的人脸或被摄物体，相机会以所设的自动对焦方式对所点击的位置进行对焦。

尼康微单相机在"触控控制"菜单中，用户可以通过"启用/禁用触控控制"菜单选择是否启用触摸操作功能，或者仅在播放照片时使用触摸操作。

在"手套模式"菜单中，选择"ON"选项，可以提高触摸屏的灵敏度，便于用户在佩戴手套时使用触摸屏。

尼康Z8相机设定步骤

❶ 在**设定菜单**中点击**触控控制**选项

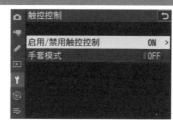

❷ 点击**启用/禁用触控控制**选项

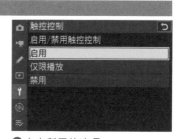

❸ 点击所需的选项

索尼微单相机与触摸控制相关的菜单比较丰富，如果要使用触摸模式，先在"触摸操作"菜单中选择"开"选项。如果仅在播放照片时使用触摸操作，则选择"开：仅播放"选项。

在"触摸灵敏度"菜单中，可以设置触摸操作的反应时间。

索尼微单相机使用显示屏拍摄时，触摸显示屏的操作称为触摸屏操作，使用取景器拍摄时，触摸显示屏操作称为触摸板操作，通过"触摸屏/触摸板"菜单，用户可以切换触摸屏操作和触摸板操作。

当在"触摸屏/触摸板"菜单设置为"仅触摸板"选项时，可以通过"触摸板设置"菜单，设置触摸板操作方向、触摸定位模式以及可以操作的区域。

除此之外，索尼微单相机还可以设置在拍摄期间的触摸功能，如果选择"触碰对焦"选项，在拍摄时触摸屏幕中的某一个位置，则该区域为对焦区域，选择"触摸跟踪"选项，在显示屏上触摸跟踪的被摄体，相机开始跟踪。

索尼 α7S III 相机设定步骤

❶ 在**设置菜单**的第5页**触摸操作**中，点击选择**触摸操作**选项

❷ 点击选择所需的选项

❸ 如果在步骤❶界面中选择了**触摸灵敏度**选项，在此界面中可以选择**标准**或**灵敏**选项

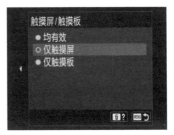

❹ 如果在步骤❶界面中选择了**触摸屏/触摸板**选项，在此界面中选择所需的选项

❺ 如果在步骤❶界面中选择了**触摸板设置**选项，在此界面中可以对**以垂直方向操作**、**触摸定位模式**以及**操作区域**进行设置

❻ 如果在步骤❶界面中选择了**拍摄期间的触摸功能**选项，在此界面中选择所需的选项

清除全部相机设置

初学者经常会遇到各种选项或相机操作失灵的情况，此时，较好的方法之一就是利用菜单清除相机的全部设置。

佳能微单相机利用"重置相机"功能可以一次性清除所有设定的自定义功能，将相机恢复出厂时的默认设置，免去了逐一清除的繁琐。

选择"基本设置"选项，可以将"拍摄""自动对焦""播放""无线"及"设置"菜单中的所有菜单选项恢复为默认值。

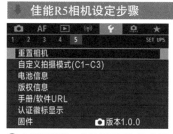

❶ 在**设置菜单 5** 中选择**重置相机**选项　　❷ 选择**基本设置**选项

尼康微单相机通过"重设所有设定"菜单，可以将相机设置全部清除。

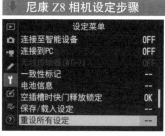

❶ 在**设定菜单**中选择**重设所有设定**选项　　❷ 点击选择**重设**或**请勿重设**选项

索尼微单相机在"出厂重置"菜单中，选择"相机设置复位"选项，则只将主要照相模式的设置复原为默认值。选择"初始化"选项，则初始化所有相机设置。

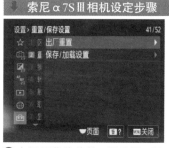

❶ 在**设置菜单**的第 2 页**重置 / 保存设置**中，点击选择**出厂重置**选项　　❷ 点击选择**相机设置复位**或**初始化**选项

设置自动切换取景器与显示屏

不管是佳能、尼康还是索尼微单相机，都是既可以通过电子取景器取景拍摄，也可以通过显示屏取景拍摄。用户可以根据自己的拍摄习惯，通过相关的菜单设置，选择取景器或显示屏显示，或者让相机自动切换。

佳能微单相机通过"屏幕 / 取景器显示"菜单，用户可以设置佳能微单相机的显示模式是由相机自动切换显示还是由摄影师手动选择。

- 自动1（▣△：仅屏幕）：选择此选项，当屏幕翻开时，始终使用屏幕进行显示；当屏幕合上并面向拍摄者时，使用屏幕进行显示；当拍摄者眼睛看向取景器时，会自动切换至使用取景器显示。

- 自动2（▣△：自动切换）：选择此选项，当摄影师向取景器中看时，会自动切换至使用取景器显示；当不再使用取景器时，又会自动切换回使用屏幕中显示。

- 取景器：选择此选项，屏幕会关闭，将在取景器上显示照片，适合在剩余电量较少时使用。

- 屏幕：选择此选项，则关闭取景器，始终在屏幕中显示照片。

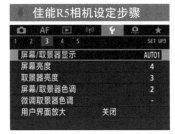

❶ 在**设置菜单 3** 中选择**屏幕 / 取景器显示**选项

❷ 点击选择所需的选项，然后点击 SET OK 图标确定

索尼微单相机通过"选择取景器 / 显示屏"菜单，可以检测到拍摄者正在通过取景器拍摄，还是通过液晶显示屏拍摄，从而选择在取景器与液晶显示屏之间切换。

需要注意的是，选择"取景器（手动）"选项时，液晶显示屏将被关闭，按任何键或重启相机都不能激活液晶显示屏。此时，如要设置菜单、浏览照片只能在取景器中进行。通常情况下，建议设置为"自动"选项。

- 自动：选择此选项，当摄影师通过取景器观察时，会自动切换到取景器中显示画面的状态；当不再使用取景器时，又会自动切换回液晶显示屏显示画面的状态。

- 取景器（手动）：选择此选项，液晶显示屏被关闭，照片将在取景器中显示，适合在剩余电量较少时使用。

- 显示屏（手动）：选择此选项，则会关闭取景器，而在液晶显示屏中显示照片。

❶ 在**设置菜单**中的第 6 页**取景器 / 显示屏**中，点击选择**选择取景器 / 显示屏**选项

❷ 点击选择所需的选项

使用尼康微单相机（如尼康Z8相机），通过按下相机顶部侧面的显示屏模式按钮，就可以按照自动显示开关→仅取景器→仅显示屏→优先考虑取景器顺序循环切换显示模式。

■自动显示开关：当相机的眼感应器感应到眼睛靠近取景器时，会在取景器中显示参数和图像，当感应到眼睛离开取景器时，则在显示屏中显示参数和图像。

■仅取景器：在取景器中除了显示图像和参数，当进行设置菜单和播放操作时，这些信息也会显示在取景器中，而显示屏则是空白的，此模式适合在剩余电量较少时使用。

■仅显示屏：将在显示屏中进行取景拍摄、菜单设定和播放操作。即使将眼睛靠近取景器，取景器也不会显示相关内容。

■优先考虑取景器（1）：此模式与单反相机类似。在照片拍摄模式下，当眼睛靠近取景器时会开启取景器显示模式，而当眼睛离开取景器时会关闭取景器显示状态，显示屏则并不会显示相关内容。而在视频拍摄模式下，按照"自动显示开关"模式运行。

■优先考虑取景器（2）：在照片拍摄模式下，当眼睛靠近取景器观看时、照相机开启、半按快门释放按钮或按下AF-ON按钮后几秒钟内，取景器均会开启。在视频模式下，也是按照"自动显示开关"模式运行。

如果想要减少取景方式的数量，可以通过"限制显示屏模式选择"菜单勾选想要保留的模式，以简化按下显示屏模式按钮选择模式时的操作。

○ 显示屏模式按钮

① 在设定菜单中，点击限制显示屏模式选择选项

② 点击勾选要保留的模式选项，然后点击MENU完成图标确定

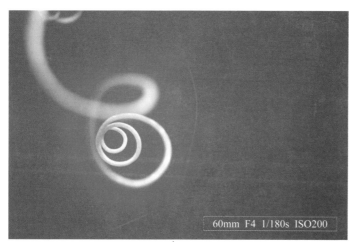

60mm F4 1/180s ISO200

○ 在拍摄比较细小的题材时，建议使用显示屏进行拍摄，这样在放大图像时，可以更直观、准确地查看画面对焦点是否清晰

注册 Fn 菜单项目

索尼微单相机的快速导航界面是指按 Fn（功能）按钮后显示的界面。

此界面中包含常用功能参数，如果用户觉得显示的拍摄参数项目不符合自己的拍摄需求，可以在"设置菜单"中的"Fn菜单设置"进行自定义注册。

在"Fn菜单设置"菜单中，可以分别将自己在拍摄照片或视频时常用的拍摄参数注册在导航界面中，以便在拍摄时能够快速改变这些参数。

右侧展示了笔者注册"间隔拍摄"功能的操作步骤。

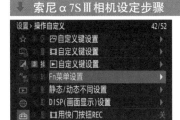

索尼 α 7S Ⅲ 相机设定步骤

❶ 在**设置菜单**中的第 3 页**操作自定义**中，点击选择 **Fn 菜单设置**选项

❷ 点击选择要注册项目的位置

❸ 在左侧列表页中选择设置页，然后在右侧选项中点击选择要注册的项目选项

❹ 注册后项目的显示效果。还可以按此方法注册其他功能

修改自定义按钮的功能

不管是佳能、尼康还是索尼微单相机，机身上都有很多按钮，并且分别被赋予了不同功能，以便于我们进行快速的设置。根据个人的不同需求，我们还可以分别为这些按钮重新指定功能。

佳能微单相机可以通过"自定义按钮"菜单，为相关的按钮在拍摄照片状态下或者录制视频状态下指定功能。

佳能R5相机设定步骤

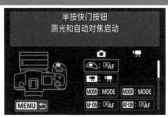

❶ 在**自定义功能菜单 3** 中选择**自定义按钮**选项

❷ 点击选择要重新定义的按钮

❸ 点击选择为该按钮分配的功能，然后点击 SET OK 图标确定

使用尼康微单相机时，如尼康 Z8 相机，可以在"自定义控制（拍摄）"菜单中，为各个按钮在单独使用时，或者按钮＋指令拨盘组合使用时指定功能，如果能够按自己的拍摄操作习惯对该按钮的功能重新定义，就能够使拍摄操作更顺手。

尼康Z8相机设定步骤

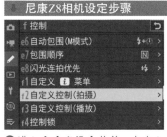

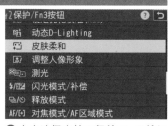

❶ 进入**自定义设定**菜单，点击 **f 控制**中的 **f2 自定义控制（拍摄）**选项

❷ 点击一个按钮选项（此处以**保护 /Fn3 按钮**为例）

❸ 点击选择当按下**保护 /Fn3 按钮**时所执行的功能

在播放照片模式下，通过"自定义控制（播放）"菜单，可以为Fn1按钮、Fn2按钮、竖拍Fn按钮、DISP按钮、保护/Fn3按钮、OK按钮、主指令拨盘、视频录制按钮和指令拨盘指定按下它们时所执行的操作。

❶ 进入**自定义设定**菜单，点击 **f 控制**中的 **f3 自定义控制（播放）**选项

❷ 点击一个按钮选项，在下级界面中选择按下该按钮时所执行的功能

索尼微单相机可以为C1按钮、C2按钮、C3按钮、C4按钮、AF-ON按钮、AEL按钮、MOVIE按钮、Fn/🔁按钮、多重选择器中央按钮、控制拨轮中央按钮、控制拨轮、▼方向键、◀方向键、▶方向键指定不同的功能，这进一步方便了我们指定并操控相机的自定义功能。

这些按钮可以通过此自定义功能，在拍摄照片、拍摄视频及播放照片时分别赋予不同的功能。即同一个按钮有可能在拍摄照片时实现A功能，在拍摄视频实现B功能，而在播放照片中实现C功能。

索尼α7SⅢ相机设定步骤

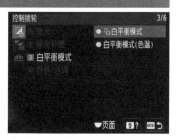

❶ 在**设置菜单**中的第 3 页**操作自定义**中，点击选择 **自定义键设置**选项

❷ 先在左侧按钮区域列表点击选择要注册按钮所在的区域，然后在右侧按钮列表，点击选择要注册功能的按钮

❸ 先在左侧列表点击选择要注册功能所在的设置页，然后在右侧列表中选择要注册的功能

根据拍摄题材设定照片风格

照片风格是相机依据不同拍摄题材的特点，对照片进行的一些色彩、锐度及对比度等方面的校正。例如，在拍摄风光题材时，可以选择"风景"照片风格，以得到色彩较为艳丽，且锐度和对比度都较高的风光照片。

对于那些喜欢拍摄后直接出片的摄影爱好者而言，使用照片风格，可以省去后期操作的过程，虽然灵活度比在后期处理软件中要低一些，但也不失为一个方便的选择。

佳能和尼康相机分别提供了 8 种、索尼相机提供了 10 种照片风格模式，它们的名称见右表。从选项名称上也可以看出来，三个品牌相机的选项，虽然有一些区别，但总体也差不多。因此了解一款相机后，其他相机相关选项的释义也就不难推测了。

佳能 R5 相机	尼康 Z8 相机	索尼 α7S Ⅲ 相机
自动	A 自动	-
标准	SD 标准	ST：标准效果
人像	PT 人像	PT：适合人像
风光	LS 风景	VV：适合风光
精致细节	VI 鲜艳	VV2：生动、鲜明
中性	FL 平面	NT：柔和、自然
可靠设置	NL 自然	IN：真实、自然
单色	MC 单色	BW：黑白单色 SE：褐色单色
-	-	FL：强对比氛围
-	-	SH：明亮柔和氛围

佳能R5相机设定步骤

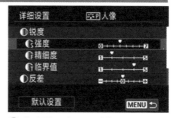

❶ 在**拍摄菜单 3** 中选择**照片风格**选项

❷ 点击选择要修改的照片风格，然后点击 INFO 详细设置 图标

❸ 在此界面中可以选择要编辑的参数进行修改

尼康Z8相机设定步骤

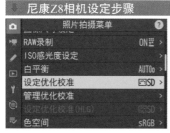
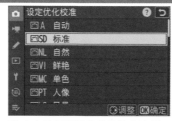
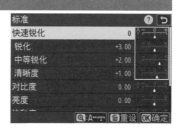

❶ 在**照片拍摄菜单**中点击**设定优化校准**选项

❷ 点击选择预设的优化校准选项，然后点击 调整 图标进入调整界面

❸ 选择不同的参数并根据需要修改后，然后点击 OK确定 图标确定

索尼 α7SⅢ相机设定步骤

❶ 在**曝光颜色菜单**中的第 6 页**颜色 / 色调**中，点击选择**创意外观**选项

❷ 点击选择所需的创意风格，如果不需要修改，可以点击█图标确定。如果点击红框所在的参数条选项，可以进入详细设置界面

❸ 点击选择要调整的选项，点击右侧的 + 或 − 图标选择调整的数值，然后点击█图标确定

下面以佳能R5相机为例，讲解各个风格选项的含义。

■ 自动：使用此风格拍摄时，色调将自动调节为适合拍摄场景，尤其是拍摄蓝天、绿色植物及自然界中的日出与日落场景时，色彩会显得更加生动。

■ 标准：此风格是最常用的照片风格，使用该风格拍摄的照片画面清晰，色彩鲜艳、明快。

■ 人像：使用此风格拍摄人像时，人的皮肤会显得更加柔和、细腻。

■ 风光：此风格适合拍摄风光照片，对画面中的蓝色和绿色有非常好的展现。

■ 精致细节：此风格会将被摄体的详细轮廓和细腻纹理表现出来，颜色会略微鲜明。

■ 中性：此风格适合偏爱计算机图像处理的用户，使用该风格拍摄的照片色彩较为柔和、自然。

■ 可靠设置：此风格也适合偏爱计算机图像处理的用户，当在5200K色温下拍摄时，相机会根据主体颜色调节色彩饱和度。

■ 单色：使用此风格可拍摄黑白或单色的照片。

○ 标准风格

○ 人像风格

○ 风光风格

○ 中性风格

○ 可靠设置风格

○ 单色风格

设置微单相机与曝光相关的菜单功能

长时间曝光降噪

曝光时间越长，产生的噪点就越多，此时，可以启用"长时间曝光降噪"功能来减少画面中产生的噪点。

"长时间曝光降噪"菜单用于对快门速度低于1s（或者说总曝光时间长于1s）所拍摄的照片进行减少噪点处理，处理所需时长约等于当前曝光的时长。

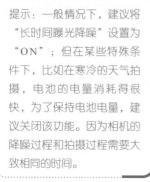

提示：一般情况下，建议将"长时间曝光降噪"设置为"ON"；但在某些特殊条件下，比如在寒冷的天气拍摄，电池的电量消耗得很快，为了保持电池电量，建议关闭该功能。因为相机的降噪过程和拍摄过程需要大致相同的时间。

佳能R5相机设置步骤

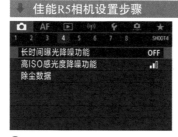

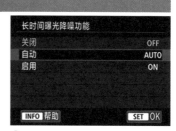

❶ 在**拍摄菜单4**中选择**长时间曝光降噪功能**选项

❷ 选择不同的选项，然后点击 SET OK 图标确定

尼康Z8相机设置步骤

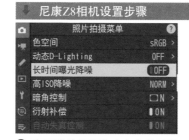

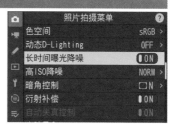

❶ 在**照片拍摄菜单**中点击**长时间曝光降噪**选项

❷ 点击使其处于 ON 开启状态

索尼α7SⅢ相机设置步骤

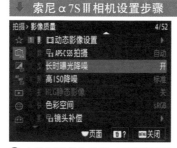

❶ 在**拍摄菜单**中的第 1 页**影像质量**中，点击选择**长时曝光降噪**选项

❷ 点击可选择**开**或**关**选项

○ 左图是未开启"长时曝光降噪"功能时拍摄的画面局部，右图是开启了"长时间曝光降噪"功能后拍摄的画面局部，可以看到，右图中的杂色及噪点都明显减少了，但同时也损失了一些细节

高 ISO 降噪

感光度越高，照片产生的噪点也就越多，此时可以启用"高ISO降噪"功能来减少画面中的噪点，但需要注意的是，这样会失去一些画面细节。

在"高 ISO 降噪"菜单中一般包含"高""标准""低""关闭"等选项，可以根据噪点的多少来改变其设置，设置为"高"时，相机的连拍数量会减少。需要特别指出的是，在佳能微单相机中还有一个"多张拍摄降噪"选项，选择此选项，能够在保持更高图像画质的情况下进行降噪，其原理是连续拍摄 4 张照片并将其自动合并成一幅 JPEG 格式的照片。

佳能R5相机设置步骤	尼康Z8相机设置步骤	索尼α7S Ⅲ相机设置步骤

❶ 在**拍摄菜单 4** 中选择**高 ISO 感光度降噪功能**选项

❶ 在**照片拍摄**菜单中点击**高 ISO 降噪**选项

❶ 在**拍摄菜单**中的第 1 页**影像质量**中，点击选择**高 ISO 降噪**选项

❷ 点击选择不同的选项，然后点击 SET OK 图标确定

❷ 点击选择不同的降噪标准

❷ 点击选择不同的降噪标准

○ 上面左图是未开启"高 ISO 降噪"功能放大后的画面局部，上面右图是启用了"高 ISO 降噪"功能放大后的画面局部，可以看到，画面中的杂色及噪点都明显减少，但同时也损失了一些细节

设置曝光等级增量控制调整幅度

佳能微单相机在"曝光等级增量"菜单中可以设置光圈、快门速度、曝光补偿、包围曝光、闪光曝光补偿及闪光包围曝光等参数的变化幅度，使相机以选定的幅度增加或减少曝光量。

■ 1/3 级：选择此选项，每调整一级，曝光量会以 +1/3EV 或 −1/3EV 的幅度发生变化。

■ 1/2 级：选择此选项，每调整一级，曝光量会以 +1/2EV 或 −1/2EV 的幅度发生变化。

索尼微单相机在"曝光步级"菜单中可以设置快门速度、光圈和曝光补偿的设定幅度。可选项有"0.5 段"和"0.3 段"。

尼康相机的"曝光控制 EV 步长"可以设置快门速度、光圈、包围曝光、曝光和闪光补偿时将使用的增量，可以选择"1/3EV 步长""1/2EV 步长"和"1EV 长步"选项。

佳能R5相机设置步骤

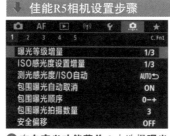

❶ 在**自定义功能菜单 1** 中选择**曝光等级增量**选项

❷ 选择 **1/3 级**或 **1/2 级**选项，然后点击 SET OK 图标确定

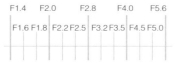

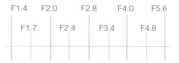

○ 选择"1/3 级"选项时，光圈值的变化示意

○ 选择"1/2 级"选项时，光圈值的变化示意

索尼 α7S Ⅲ 相机设置步骤

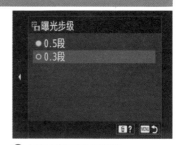

❶ 在**曝光 / 颜色菜单**的第 2 页**曝光补偿**中，点击选择**曝光步级**选项

❷ 点击选择所需的选项

尼康Z8相机设置步骤

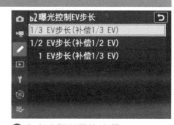

❶ 进入**自定义设定**菜单，点击 **b 测光 / 曝光**中的 **b2 曝光控制 EV 步长**选项

❷ 点击选择所需的选项

利用佳能相机的高光色调优先增加高光区域细节

利用佳能微单相机的"高光色调优先"功能可以有效地增加高光区域的细节，使灰度与高光之间的过渡更加平滑。这是因为，开启这一功能后，可以使拍摄时的动态范围从标准的 18% 灰度扩展到高光区域。例如，当在明亮的阳光直射下拍摄婚纱时，婚纱的细节有可能由于过曝而丢失，此时就可以考虑开启此功能。

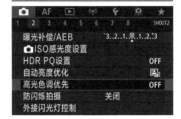

❶ 在**拍摄菜单 2** 中选择**高光色调优先**选项

❷ 点击选择**关闭**、**启用**或**增强**选项，然后点击 SET OK 图标确定

200mm F8 1/640s ISO200

○ 使用"高光色调优先"功能可将画面表现得更加自然、平滑

未开启

开启

○ 这两幅图是启用"高光色调优先"功能前后拍摄的局部画面对比，从中可以看出，启用此功能后，画面很好地兼顾了高光区域的细节

拍摄大光比场景时利用动态范围功能优化曝光

根据光源和拍摄环境的不同，有时候死白和死黑是无法避免的，即使使用曝光补偿和手动模式也一样，但现在的数码相机都搭载了动态范围功能。动态范围是用于表示亮部与暗部之间层次范围的摄影术语，启用相机的动态范围功能拍摄，可以减少死黑和死白的现象，相机的图像传感器越大，动态范围就越大，所以全画幅相机的动态范围要优于 APS-C 画幅相机。

在动态范围菜单中，一般都能调整效果的强弱，可以根据拍摄场景选择高、低或自动等选项，不管是明暗差明显的逆光、黎明、傍晚还是夜景，各种拍摄场景，都可以使用动态范围功能来改善曝光。

例如，在明亮阳光直射下拍摄时，拍出的照片容易出现较暗的阴影与较亮的高光区域，启用动态范围功能，可以确保所拍出照片中的高光区域和阴影区域的细节不会丢失。因为此功能会使照片的曝光稍欠一些，有助于防止照片的高光区域完全变白而显示不出任何细节，同时还能够避免因为曝光不足而使阴影区域中的细节丢失。

根据相机品牌的不同，动态范围功能的名称也有所区别，在佳能相机中，被称为"自动亮度优化"，在索尼相机中被称为"动态范围优化"，在尼康相机中被称为"动态 D-Lighting"。

索尼 α7S Ⅲ 相机设定步骤

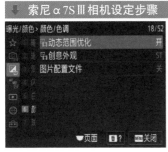

❶ 在**曝光 / 颜色菜单**中的第6页**颜色 / 色调**中，点击选择**动态范围优化**选项

❷ 点击选择优化等级，然后点击图标确定

佳能R5相机设定步骤

❶ 在**拍摄菜单2**中选择**自动亮度优化**选项

❷ 点击选择不同的优化强度，点击 INFO图标可选中或取消选中**在M或B模式下关闭**选项，选择完成后点击图标确定

尼康Z8设定步骤

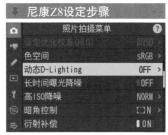

❶ 在**照片拍摄**菜单中点击**动态 D-Lighting**选项

❷ 点击选择不同的校正强度

利用 HDR 功能得到完美曝光照片

什么是 HDR

HDR 的全称是 High Dynamic Range，即高动态范围图像。HDR 是一种图像处理技术，通过捕捉不同亮度的场景，将其合并成一张具有更大动态范围和更丰富色彩层次的照片。

在普通拍摄时，相机会拍摄场景的单张曝光照片，这种方法在面对明暗反差较大的场景时，会导致图像丢失细节或者出现死白现象。

而 HDR 功能，可以一次拍摄标准曝光、曝光过度和曝光不足的三张照片，然后将这三张照片合成一张理想的照片，它的优势在于，可以捕捉到场景中的所有细节和颜色，并增强了明暗对比度和色彩层次，因此，在拍摄晴天下的白云、逆光风景等很多场景中都很有效。

○ 没有使用 HDR 功能拍摄的照片，可以看到天空没有多少细节

○ 使用 HDR 功能拍摄的照片，不管是天空还是地面景物，都有丰富的细节和色彩

佳能、尼康和索尼大部分型号的相机都提供了机内合成HDR功能，可以直接拍摄并合成HDR照片，而不需要后期进行合成，甚至还可以获得类似油画、浮雕画等特殊的影像效果。

下面以佳能R5相机为例，讲解佳能相机拍摄HDR照片需要设置的菜单项目。

调整动态范围

此菜单用于控制是否启用HDR模式，以及在开启此功能后的动态范围。

- 关闭HDR：选择此选项，将禁用HDR模式。
- 自动：选择此选项，将由相机自动判断合适的动态范围，然后以适当的曝光增减量进行拍摄并合成。
- ±1～±3：选择±1、±2或±3选项，可以指定合成时的动态范围，即分别拍摄正常、增加和减少1/2/3挡曝光的图像，并进行合成。

> 提示：当启用了曝光补偿/AEB功能时，HDR模式不可用。

佳能R5相机设定步骤

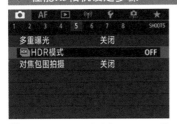

❶ 在**拍摄菜单 5** 中选择 HDR 模式选项

❷ 点击选择**调整动态范围**选项

❸ 点击选择 HDR 的动态范围

效果

在此菜单中可以选择合成 HDR图像时的影像效果，包括以下5个选项。

■ 自然：选择此选项，可以在均匀显示画面暗调、中间调及高光区域图像的同时，保持画面为类似人眼观察到的视觉效果。

■ 标准绘画风格：选择此选项，画面中的反差更大，色彩的饱和度也会较真实场景高一些。

■ 浓艳绘画风格：选择此选项，画面中的反差和饱和度都很高，尤其在色彩上显得更为鲜艳。

■ 油画风格：选择此选项，画面的色彩比浓艳绘画风格更强烈。

■ 浮雕画风格：选择此选项，画面的反差极大，在图像边缘的位置会产生明显的亮线，因而具有一种物体发出轮廓光的效果。

佳能R5相机设定步骤

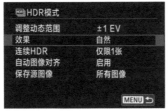

❶ 在**拍摄菜单 5** 中，选择 HDR 模式中的效果选项

❷ 点击选择不同的合成效果，然后点击 SET OK 图标确定

连续 HDR

在此选项中可以设置是否连续多次使用HDR模式。

■仅限1张：选择此选项，将在拍摄完成一张HDR照片后，自动关闭此功能。

■每张：选择此选项，将一直保持HDR模式的开启状态，直至摄影师手动将其关闭为止。

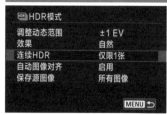 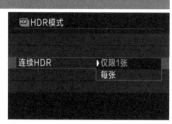

❶ 在**拍摄菜单5**的 **HDR模式**中，选择**连续HDR**选项

❷ 点击选择**仅限1张**或**每张**选项

自动图像对齐

在拍摄HDR照片时，即使使用连拍模式，也不能确保每张照片都是完全对齐的，手持相机拍摄时更容易出现图像错位的现象，此时便可以在此选项中进行设置。

■启用：选择此选项，在合成HDR图像时，相机会自动对齐各个图像，因此在拍摄HDR图像时，建议启用"自动图像对齐"功能。

 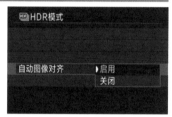

❶ 在**拍摄菜单5**的 **HDR模式**中，选择**自动图像对齐**选项

❷ 点击选择**启用**或**关闭**选项

■关闭：选择此选项，将关闭"自动图像对齐"功能，若拍摄的3张照片中有位置偏差，则合成后的照片可能会出现重影现象。

保存源图像

在此菜单中可以设置是否将拍摄的多张不同曝光程度的单张照片也保存至存储卡中。

■所有图像：选择此选项，相机会将所有的单张曝光照片及最终的合成结果全部保存到存储卡中。

■仅限HDR图像：选择此选项，将不保存单张曝光的照片，仅保存HDR合成图像。

❶ 在**拍摄菜单5**的 **HDR模式**中，选择**保存源图像**选项

❷ 点击选择**所有图像**或**仅限HDR图像**选项

使用尼康Z8也可以直接拍摄HDR照片，其原理是分别拍摄增加曝光量及减少曝光量的图像，然后由相机进行合成，从而获得暗调与高光区域都能均匀显示细节的HDR效果照片。

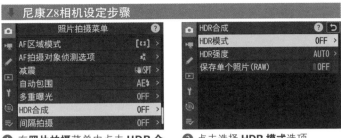

❶ 在**照片拍摄**菜单中点击 **HDR 合成**选项

❷ 点击选择 **HDR 模式**选项

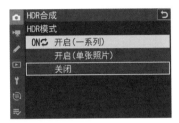

❸ 点击选择所需的选项

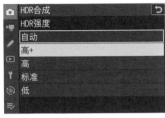

❹ 若在步骤❷中选择 **HDR 强度**选项，在此点击选择所需的强度选项

❺ 若选择**保存单个照片（RAW）**选项，点击使其处于 ON 开启状态

■HDR模式：用于设置是否开启及是否连续多次拍摄HDR照片。选择"开启（一系列）"选项，将一直保持HDR模式的打开状态，直至拍摄者手动将其关闭为止；选择"开启（单张照片）"选项，将在拍摄完成一张HDR照片后，自动关闭此功能；选择"关闭"选项，将禁用HDR拍摄模式。

■HDR强度：用于控制HDR照片的强度。包括"自动""高+""高""标准""低"5个选项。若选择"自动"，照相机将根据场景自动调整HDR强度。

■保存单个照片（RAW）：选择"ON"选项，则用于HDR图像合成的单张照片都被保存。无论将图像品质和尺寸设置为何种类型，照片都将被保存为NEF（RAW）文件。选择"OFF"则不会保存单张照片，而只保存相机合成为HDR效果的照片。

使用索尼 α7S Ⅲ 相机直接拍摄 HDR 照片所要设置的菜单就相对简单了，先在"JPEG/HEIF 切换"菜单中选择 HEIF 选项，并在"文件格式"菜单中设置为 HEIF 格式，然后启用"HLG 静态影像"菜单就可以拍摄 HDR 照片了。

❶ 在**拍摄菜单**的第 1 页**影像质量**中，点击选择 **HLG 静态影像**选项

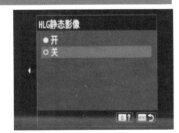

❷ 点击选择**开**选项

第 2 章
决定照片品质的曝光、
对焦、景深及白平衡

曝光三要素：控制曝光量的光圈

认识光圈及表现形式

光圈其实就是相机镜头内部的一个组件，它由许多金属薄片组成，金属薄片是活动的，通过改变它的开启程度可以控制进入镜头光线的多少。光圈开启得越大，通光量越多；光圈开启得越小，通光量就越少。

为了便于理解，我们可以将光线类比为水流，将光圈类比为水龙头。在同一时间段内，如果希望水流更大，水龙头就要开得更大。换言之，如果希望更多的光线通过镜头，就需要使用较大的光圈；反之，如果不希望更多的光线通过镜头，就需要使用较小的光圈。

佳能 R5 相机光圈设置方法：按 MODE 按钮，然后转动主拨盘 选择 Av 挡光圈优先或 M 全手动曝光模式。在使用 Av 挡光圈优先曝光模式拍摄时，通过转动主拨盘 来调整光圈；在使用 M 挡全手动曝光模式拍摄时，则通过转动速控转盘 来调整光圈

尼康 Z8 相机光圈设置方法：按住 MODE 按钮并旋转主指令拨盘，选择光圈优先或手动模式。在光圈优先或手动模式下，转动副指令拨盘可以选择光圈值

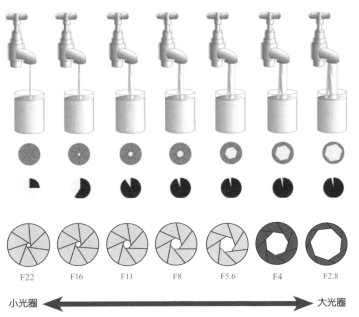

F22	F16	F11	F8	F5.6	F4	F2.8

小光圈 ⟵——————————————⟶ 大光圈

索尼 α7S Ⅲ 相机光圈设置方法：旋转模式旋钮至光圈优先模式或手动模式。在光圈优先模式下，可以转动前 / 后转盘来选择不同的光圈值；而在手动模式下，可以转动前转盘调整光圈值

光圈表示方法	用字母 F 或 f 表示，如 F8 或 f/8
常见的光圈值	F1.4、F2、F2.8、F4、F5.6、F8、F11、F16、F22、F32、F36
变化规律	光圈每递进一挡，光圈口径就缩小一档，通光量也逐挡减半。例如，F5.6 光圈的进光量是 F8 的两倍

光圈值与光圈大小的对应关系

光圈越大，光圈值就越小（如 F1.2、F1.4）；反之，光圈越小，光圈值就越大（如 F18、F32）。初学者往往记不住这个对应关系，其实只要记住，光圈值实际上是一个倒数即可。例如，光圈值为 F1.2 表示此时光圈的孔径是 1/1.2。同理，光圈值为 F18 表示此时光圈的孔径是 1/18。很明显，1/1.2>1/18，因此，F1.2 是大光圈，而 F18 是小光圈。

光圈对曝光的影响

在日常拍摄时，一般最先调整的曝光参数是光圈。在其他参数不变的情况下，光圈增大一挡，则曝光量就会提高一倍。例如，光圈从 F4 增大至 F2.8，即可增加一倍的曝光量；反之，光圈减小一挡，则曝光量也随之降低一半。即光圈开启得越大，通光量就越多，拍摄出来的照片画面越明亮；光圈开启得越小，通光量就越少，拍摄出来的画面也越暗淡。

○ 光圈对曝光的影响示例图

从这组照片可以看出，当光圈从F3.2逐级缩小至F5.6时，由于通光量逐渐降低，拍摄出来的画面也逐渐变暗。

曝光三要素：控制相机感光时间的快门速度

快门与快门速度的含义

欣赏摄影师的作品时，可以看到飞翔的鸟儿、跳跃在空中的人物、车流的轨迹、丝一般的流水这类画面，这些具有动感的场景都是优先控制快门速度的结果。

那么，什么是快门速度呢？简单地说，快门的作用就是控制曝光时间的长短。在按动快门按钮时，快门从前帘开始移动到后帘结束所用的时间就是快门速度，这段时间实际上也就是电子感光元件的曝光时间。所以，快门速度决定了曝光时间的长短，快门速度越快，曝光时间就越短，曝光量也越少；快门速度越慢，曝光时间就越长，曝光量也越多。

○ 快门结构

400mm F6.3 1/500s ISO400

○ 用高速快门将出水起飞的鸟儿定格，拍摄出很有动感效果的画面

佳能 R5 相机快门速度设置方法：按下 MODE 按钮，然后转动主拨盘 🖲 选择 M 全手动或 Tv 快门优先曝光模式。在使用 M 挡或 Tv 挡拍摄时，直接向左或向右转动主拨盘 🖲，即可调整快门速度数值

尼康 Z8 相机快门速度设置方法：按住 MODE 按钮并旋转主指令拨盘选择快门优先或手动模式。在快门优先或手动模式下，转动主指令拨盘可以选择快门速度

索尼 α7S Ⅲ 相机快门速度设置方法：旋转模式旋钮至快门优先或手动模式。在快门优先模式下，转动前 / 后转盘选择不同的快门速度值，在手动模式下，转动后转盘选择不同的快门速度值

快门速度的表示方法

快门速度以秒为单位，低端入门级数码微单相机的快门速度范围通常为 1/4000~30s，而中、高端微单相机，最高快门速度可达 1/8000s，已经可以满足几乎所有题材的拍摄要求。

分类	常见快门速度	适用范围
低速快门	30s、15s、8s、4s、2s、1s	在拍摄夕阳及天空仅有少量微光的日出、日落前后时，都可以使用光圈优先曝光模式或手动曝光模式，很多优秀的夕阳作品都诞生于这些快门速度下。使用 1~5s 的快门速度，也能够将瀑布或溪流拍摄出如同棉絮般的梦幻效果，10~30s 的快门速度可以用于拍摄光绘、车流、银河等题材
	1s、1/2s	适合在昏暗的光线下，使用较小的光圈获得足够的景深，通常用于拍摄稳定的对象，如建筑、城市夜景等
	1/4s、1/8s、1/15s	1/4s 的快门速度可以作为拍摄夜景人像的最低快门速度。这些快门速度也适合拍摄一些光线较强的夜景，如明亮的步行街和光线较好的室内
中速快门	1/30s	在使用标准镜头或广角镜头拍摄时，可以视该快门速度为最慢的速度，但在使用标准镜头拍摄时，对手持相机的平稳性有较高的要求
	1/60s	对于标准镜头，该快门速度可以保证进行各种场合的拍摄
	1/125s	这一挡快门速度非常适合在户外阳光明媚时使用，同时也能够拍摄运动幅度较小的物体，如走动中的人
	1/250s	适合拍摄中等运动速度的拍摄对象，如游泳运动员、跑步中的人或棒球活动等
高速快门	1/500s	该快门速度可以抓拍一些运动速度较快的对象，如行驶的汽车、跑动中的运动员、奔跑中的马等
	1/1000s、1/2000s、1/4000s、1/8000s	该区间快门速度可以用于拍摄一些极速运动对象，如赛车、飞机、足球运动员、飞鸟及飞溅的水花等

8mm F14 10s ISO200

○ 这种城市上空烟花绽放的场景，一般都是使用低速快门拍摄的

快门速度对曝光的影响

如前面所述，快门速度的快慢决定了曝光量的多少。具体而言，在其他条件不变的情况下，每一倍的快门速度变化，会导致一倍曝光量的变化。例如，当快门速度由 1/125s 变为 1/60s 时，由于快门速度慢了一半，曝光时间增加了一倍，因此，总的曝光量也随之增加了一倍。

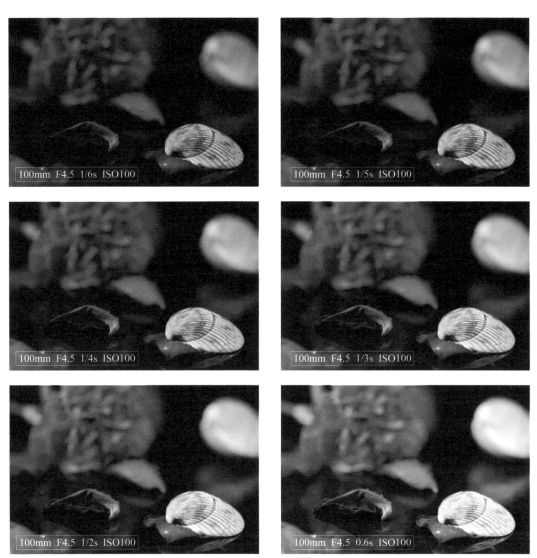

O 快门速度对曝光的影响示例图

通过这组照片可以看出，在其他曝光参数不变的情况下，当快门速度逐渐变慢时，由于曝光时间变长，拍摄出来的照片画面也逐渐变亮。

快门速度对画面动感效果的影响

快门速度不仅影响进光量，还会影响画面的动感效果。当表现静止的景物时，快门速度的快慢对画面不会产生什么影响，除非摄影师在拍摄时有意摆动镜头。但在表现动态的景物时，不同的快门速度能够营造出不一样的画面效果。下面一组示例照片是在焦距、感光度都不变的情况下，分别将快门速度依次调慢来拍摄的。

对比下方这一组照片，可以看到，当快门速度较快时，水流被定格成为清晰的水珠；当快门速度逐渐降低时，水流在画面中渐渐被"拉长"为运动线条。

○ 快门速度对画面动感效果的影响示例图

拍摄效果	快门速度设置	说明	适用拍摄场景
凝固运动对象的精彩瞬间	使用高速快门	拍摄对象的运动速度越高，采用的快门速度也要越高	运动中的人物、奔跑的动物、飞鸟、瀑布
运动对象的动态模糊效果	使用低速快门	使用的快门速度越低，所形成的动感线条越柔和	流水、夜间的车灯轨迹、风中摇摆的植物、流动的人群

曝光三要素：控制相机感光灵敏度的感光度

理解感光度

在调整曝光时，作为曝光三要素之一的感光度通常是最后一项。感光度是指相机的感光元件（即图像传感器）对光线的感光敏锐程度。即在相同条件下，感光度越高，获得光线的数量也就越多。但要注意的是，感光度越高，产生的噪点就越多，而以低感光度拍摄的画面则会清晰、细腻，对细节的表现较好。在光线充足的情况下，一般使用ISO100即可。

佳能 R5 相机感光度设置方法：在拍摄状态下，屏幕上显示图像时，直接转动速控转盘 2 ▽选择所需的 ISO 感光度值

尼康 Z8 相机感光度设置方法：按住 ISO 按钮并旋转主指令拨盘，即可调节 ISO 感光度。也可以直接点击屏幕中红框所在的 ISO 图标来设定具体数值

索尼 α7S Ⅲ 相机感光度设置方法：在 P、A、S、M 模式下，可以按 ISO 按钮，然后转动控制拨轮或按▲或▼方向键调整 ISO 感光度数值

85mm F2 1/500s ISO100

○ 在光线充足的环境下拍摄人像时，使用 ISO100 的感光度可以保证画面的细腻

感光度对曝光结果的影响

在某些场合拍摄时，如森林中、光线较暗的博物馆内等，光圈与快门速度已经没有调整的空间了，并且无法开启闪光灯补光，便只剩下提高感光度一种选择。

在其他条件不变的情况下，感光度每增加一挡，感光元件对光线的敏锐度会增加一倍，即曝光量增加一倍；反之，感光度每减少一挡，曝光量则减少一半。

固定的曝光组合	想要进行的操作	方法	示例说明
F2.8、1/200s、ISO400	改变快门速度并使光圈值保持不变	提高或降低感光度	例如，快门速度提高一倍（变为 1/400s），则可以将感光度提高一倍（变为 ISO800）
F2.8、1/200s、ISO400	改变光圈值并保证快门速度不变	提高或降低感光度	例如，增加两挡光圈（变为 F1.4），则可以将 ISO 感光度降低两挡（变为 ISO100）

下面是一组保持焦距为 50mm、光圈为 F3.2、快门速度为 1/20s 不变，只改变感光度拍摄的照片。

O 感光度对曝光结果的影响示例图

这组照片是在 M 挡手动曝光模式下拍摄的，在光圈、快门速度不变的情况下，随着 ISO 感光度的提高，画面会变得越来越亮。

感光度与画质的关系

对大部分微单相机而言，当使用 ISO400 以下的感光度拍摄时，均能获得优秀的画质；当使用 ISO500~ISO1600 拍摄时，虽然画质要比使用低感光度时略有降低，但是依旧很优秀。

从实用角度来看，在光照较充分的情况下，使用 ISO1600 和 ISO3200 拍摄的照片细节较完整，色彩较生动，但如果以 100% 的比例查看，还是能够在照片中看到一些噪点的，而且光线越弱，噪点越明显。因此，如果不是对画质有特别要求，这个区间的感光度仍然属于能够使用的范围。但是，对一些对画质要求较为苛刻的用户来说，ISO1600 是佳能相机能保证较好画质的最高感光度。

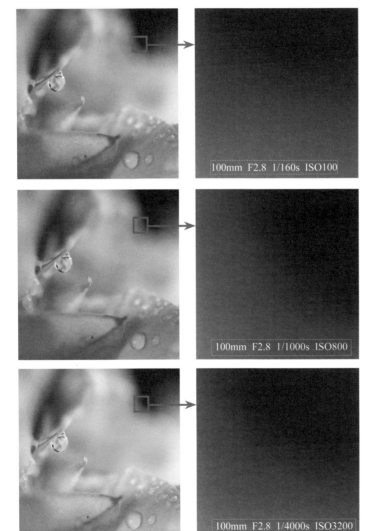

100mm F2.8 1/160s ISO100

100mm F2.8 1/1000s ISO800

100mm F2.8 1/4000s ISO3200

○ 感光度与画质的关系示例图

从这组照片可以看出，在光圈优先曝光模式下，当 ISO 感光度发生变化时，快门速度也发生了变化。因此，照片的整体曝光量并没有变化。仔细观察细节可以看出，照片的画质随着 ISO 值的增大而逐渐变差。

感光度的设置原则

除了需要高速抓拍或不能给画面补光的特殊场合，以及只能通过提高感光度来拍摄的情况，不建议使用过高的感光度。感光度除了会对曝光产生影响，对画质也有极大的影响，这一点即使是全画幅相机也不例外。感光度越低，画质就越好；反之，感光度越高，就越容易产生噪点、杂色，画质就越差。

在条件允许的情况下，建议采用相机基础感光度中的最低值，一般为 ISO100，这样可以最大限度地保证得到较高的画质。

需要特别指出的是，即使设置相同的 ISO 感光度，在光线不足时拍出的照片也会比在光线充足时拍出的照片产生更多噪点。如果此时再使用较长的曝光时间，那么就更容易产生噪点。因此，当在弱光环境中拍摄时，需要根据拍摄需求灵活设置感光度，并配合高感光度降噪和长时间曝光降噪功能来获得较高的画质。

感光度设置	对画面的影响	补救措施
光线不足时设置低感光度	会导致快门速度过低，在手持拍摄时容易因为手抖导致画面模糊	无法补救
光线不足时设置高感光度	会获得较高的快门速度，不容易造成画面模糊，但是画面噪点增多	可以用后期处理软件降噪

24mm F5 1/60s ISO800

○ 在手持相机拍摄建筑的精美内饰时，由于光线较弱，因此需要提高感光度

通过曝光补偿快速控制画面的明暗

曝光补偿的概念

相机的测光原理是基于 18% 中性灰建立的，数码微单相机的测光主要是由场景中物体的平均反光率决定的，除了反光率比较高的场景（如雪景、云景）及反光率比较低的场景（如煤矿、夜景），其他大部分场景的平均反光率都在 18% 左右，而这一数值正是灰度为 18% 物体的反光率。

因此，可以将测光原理简单地理解为：当拍摄场景中被摄物体的反光率接近 18% 时，相机就会做出正确的测光。所以，当在一些极端环境中拍摄时，如较亮的白雪场景或较暗的弱光环境中，相机的测光结果就是错误的，此时就需要摄影师通过调整曝光补偿来得到正确的曝光结果，如下图所示。

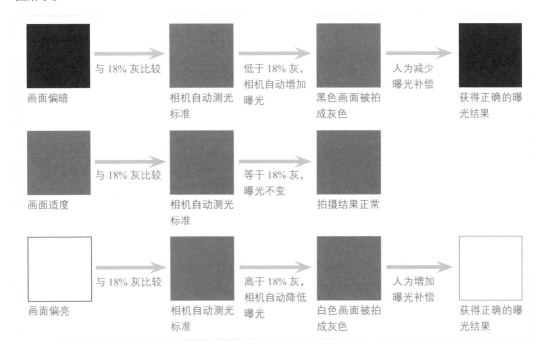

通过调整曝光补偿，可以改变照片的曝光效果，从而使拍摄出来的照片传达出摄影师的表现意图。例如，通过增加曝光补偿，照片轻微曝光过度，可以得到柔和的色彩与浅淡的阴影，使照片有轻快、明亮的效果；通过减少曝光补偿，可以使照片变得暗淡。

在拍摄时，是否能够主动运用曝光补偿技术，是判断一位摄影师是否真正理解摄影光影奥秘的标准之一。

佳能R5相机曝光补偿设置方法：在 P、Tv、Fv、Av 模式下，半按快门按钮并查看曝光量指示标尺，然后转动速控转盘1〇即可调节曝光补偿值

尼康 Z8 相机曝光补偿设置方法：按住图按钮，同时转动主指令拨盘，即可调整曝光补偿

索尼 α7S Ⅲ 相机曝光补偿设置方法：先按一下曝光补偿锁定按钮解锁曝光补偿旋钮，然后转动曝光补偿旋钮，将所需曝光补偿值对齐左侧白线处

判断曝光补偿的方向

了解了曝光补偿的概念，在拍摄时应该如何应用呢？曝光补偿分为正向与负向，即增加与减少曝光补偿，针对不同的拍摄题材，在拍摄时一般可使用"找准中间灰，白加黑就减"的口诀来判断是增加还是减少曝光补偿。

需要注意的是，"白加"中的"白"并不是指单纯的白色，而是泛指一切看上去比较亮的、颜色比较浅的景物，如雪、雾、白云、浅色的墙体、亮黄色的衣服等；同理，"黑减"中的"黑"，也并不是单指黑色，而是泛指一切看上去比较暗的、颜色比较深的景物，如夜景、深蓝色的衣服、阴暗的树林、黑胡桃色的木器等。

因此，在拍摄时，如果遇到"白色"场景，就应该做正向曝光补偿；如果遇到的是"黑色"场景，就应该做负向曝光补偿。

○ 应根据拍摄题材的特点进行曝光补偿，以得到合适的画面效果

降低曝光补偿还原纯黑

当拍摄主体位于黑色背景前，按相机默认的测光结果拍摄时，黑色的背景往往会显得有些灰旧。为了得到纯黑的背景，需要使用曝光补偿功能来适当减少曝光量来得到想要的效果（具体曝光补偿的数值要视暗调背景的面积而定，面积越大，曝光补偿的数值也应越大）。

◎ 在拍摄时减少了 0.3 挡曝光补偿，从而获得了纯色的背景，使花朵在画面中显得更加突出

增加曝光补偿还原白色雪景

很多摄影初学者在拍摄雪景时，往往会把白色拍摄成灰色，主要原因就是在拍摄时没有设置曝光补偿。

由于雪对光线的反射十分强烈，因此会导致相机的测光结果出现较大的偏差。而如果能在拍摄前增加一挡左右的曝光补偿（具体曝光补偿的数值要视雪景的面积而定，雪景面积越大，曝光补偿的数值也应越大），就可以拍摄出美丽、洁白的雪景。

◎ 在拍摄时增加 1 挡曝光补偿，使雪的颜色显得更加洁白无瑕

正确理解曝光补偿

许多摄影初学者在刚接触曝光补偿时，以为使用曝光补偿可以在曝光参数不变的情况下，提亮或加暗画面，这种认识是错误的。

实际上，曝光补偿是通过改变光圈与快门速度来提亮或加暗画面的。即在光圈优先模式下，如果增加曝光补偿，要通过降低快门速度来实现；反之，如果减少曝光补偿，则需要通过提高快门速度来实现。在快门优先模式下，如果增加曝光补偿，要通过增大光圈来实现（直至达到镜头的最大光圈）。因此，当光圈值达到镜头的最大光圈时，曝光补偿就不再起作用；反之，如果减少曝光补偿，则要通过缩小光圈来实现。

下面通过两组照片及相应的拍摄参数来佐证这一点。

50 mm F1.4 1/10s ISO100
+1.3EV

50 mm F1.4 1/25s ISO100
+0.7EV

50 mm F1.4 1/25s ISO100
0EV

50 mm F1.4 1/25s ISO100
−0.7EV

○ 光圈优先模式下改变曝光补偿示例图

从上面展示的 4 张照片可以看出，在光圈优先模式下，改变曝光补偿，实际上改变了快门速度。

50 mm F2.5 1/50s ISO100
−1.3EV

50 mm F2.2 1/50s ISO100
−1EV

50 mm F1.4 1/50s ISO100
+1EV

50 mm F1.2 1/50s ISO100
+1.7EV

○ 快门优先模式下改变曝光补偿示例图

从上面展示的 4 张照片可以看出，在快门优先模式下改变曝光补偿，实际上改变了光圈大小。

针对不同场景选择不同测光模式

当一批摄影爱好者结伴外拍时，发现在拍摄同一个场景时，有些人拍摄出来的画面曝光不一样，产生这种情况的原因就在于他可能使用了不同的测光模式，不管是单反相机还是微单相机，基本上提供了三种测光模式，分别适用于不同的拍摄环境，根据相机品牌和型号的不同，名称和测光模式数量略有不同，可以参见右表，佳能、尼康和索尼微单相机设置测光模式的操作方法如下。

佳能相机	尼康相机	索尼相机
评价测光 [❂]	矩阵测光 [❂]	多重测光 [❖]
中央重点平均测光 [ ]	中央重点测光 [◉]	中心测光 [◉]
点测光 [·]	点测光 [·]	点测光 [◉]
/	亮部重点测光 [·]*	强光测光 [❑]
/	/	整个屏幕平均测光 [■]
局部测光 [◎]	/	/

佳能 R6 相机测光模式设置方法：按 ⓠ 按钮显示速控屏幕，转动速控转盘 1 ◎ 选择测光模式选项，然后转动速控转盘 2 ✍ 或主拨盘 ◿ 选择所需的测光模式选项。也可以在速控屏幕上点击选择

尼康 Z8 相机测光模式设置方法：在照片拍摄菜单中，点击"测光"选项，然后点击选择所需的测光模式

索尼 α7S Ⅲ 相机测光模式设置方法：在"曝光 / 颜色"菜单中的第 3 页"测光"中，点击选择"测光模式"选项，点击选择所需要的测光模式，然后点击 ⓞ ok 图标确定

评价测光

如果摄影爱好者是在光线均匀的环境中拍摄大场景的风光照片，如草原、山景、水景、城市建筑等题材，应该首选评价测光模式。因为大场景风光照片通常需要考虑整体的光照，这恰好是评价测光的特色。

在该模式下，相机会将画面分为多个区域进行平均测光，此模式最适合拍摄日常及风光题材的照片。

当然，如果拍摄雪、雾、云、夜景等这类反光率较高的场景，还需要配合使用曝光补偿技巧。

评价测光模式是佳能微单相机的称法，尼康微单相机称其为矩阵测光模式，索尼微单相机称其为多重测光模式。

17mm F18 5s ISO100

O 色彩柔和、反差较小的风光照片，常用评价测光模式

中央重点平均测光

在拍摄环境人像时，如果还是使用评价测光模式，会发现虽然环境曝光合适，但人物的肤色有时候存在偏亮或偏暗的情况。其实这种情况最适合使用中央重点平均测光模式。

中央重点平均测光模式适合拍摄主体位于画面中央主要位置的场景，如人像、建筑物、背景较亮的逆光对象，以及其他位于画面中央的对象。这是因为该模式既能实现画面中央区域的精准曝光，又能保留部分背景的细节。

在中央重点平均测光模式下，测光会偏向取景器的中央部位，但也会同时兼顾其他部位的亮度。根据佳能公司提供的测光模式示意图，越靠近取景器的中心位置灰色越深，表示这样的区域在测光时所占的权重越大；而越靠边缘的图像，在测光时所占的权重越小。

例如，相机在测光后认为，画面中央位置对象的正确曝光组合是F8、1/320s，而其他区域的正确曝光组合是F4、1/200s，但由于中央位置对象的测光权重较大，最终相机确定的曝光组合可能是F5.6、1/320s，以优先照顾中央位置对象的曝光。

中央重点平均测光模式是佳能微单相机的称法，尼康微单相机称其为中央重点测光模式，索尼微单相机称其为中心测光模式。

85mm F2 1/1000s ISO100

○ 拍摄人物在画面中间位置的照片，最适合使用中央重点测光模式

局部测光模式

相信摄影爱好者都见到过暗背景、明亮主体的画面，要想获得此类效果，一般可以使用局部测光模式。局部测光模式是佳能相机独有的测光模式，在该测光模式下，相机将只测量屏幕中央 6.1% 范围。在逆光或局部光照下，如果画面背景与主体明暗反差较大（光比较大），使用这一测光模式拍摄能够获得准确的曝光。

从测光数据来看，局部测光可以认为是中央重点平均测光与点测光之间的一种测光形式，测光面积也在两者之间。

以逆光拍摄人像为例，如果使用点测光对准人物面部的明亮处测光，拍出的照片中人物面部的较暗处就会明显欠曝；反之，使用点测光对准人物面部的暗处测光，则拍出的照片中人物面部的较亮处就会明显过曝。

如果使用中央重点平均测光模式进行测光，由于测光的面积较大，而背景又比较亮，因此拍出的照片中人物的面部就会欠曝。而使用局部测光模式对准人像面部任意一处测光，就能够得到很好的曝光效果。

200mm F2.8 1/1600s ISO100

○ 因画面中光线反差较大，因而使用了局部测光模式对荷花进行测光，得到了荷花曝光正常的画面

亮部重点测光模式

在尼康微单相机的亮部重点测光模式下，相机将针对亮部重点测光，优先保证被摄对象的亮部曝光是正确的，在拍摄如舞台上聚光灯下的演员、直射光线下浅色的对象时，使用此测光模式能够获得很好的曝光效果。

需要注意的是，如果画面中拍摄主体不是最亮的区域，则被摄主体的曝光可能会偏暗。

在索尼微单相机中此模式被称为强光测光模式。

35mm F5 1/160s ISO200

○ 使用亮部重点测光模式可以保证明亮的部分有丰富的细节

整个屏幕平均测光模式

如果使用索尼微单相机的整个屏幕平均测光模式，相机将测量整个画面的平均亮度，与多重测光模式相比，此模式的优点是能够在进行二次构图或被摄对象的位置产生了变化时，依旧保持画面整体的曝光不变。即使在光线较为复杂的环境中拍摄时，使用此模式也能够使照片的曝光更加协调。

18mm F10 1/125s ISO100

○ 使用整个屏幕平均测光模式拍摄风光时，在小幅度改变构图的情况下，曝光可以保持在一个稳定的状态

点测光模式

不管是夕阳下的景物呈现为剪影的画面效果，还是皮肤白皙背景曝光过度的高调人像，都可以利用点测光模式来实现。

点测光是一种高级测光模式，由于相机只对画面中央区域的很小一部分（对焦点周围 1.5%~4.0% 的小区域）进行测光，因此具有相当高的准确性。

由于点测光是依据很小的测光点来计算曝光量的，因此测光点位置的选择将会在很大程度上影响画面的曝光效果，尤其是逆光拍摄或画面明暗反差较大时。

如果对准亮部测光，则可得到亮部曝光合适、暗部细节有所损失的画面；如果对准暗部测光，则可得到暗部曝光合适、亮部细节有所损失的画面。所以，拍摄时可根据自己的拍摄意图来选择不同的测光点，以得到曝光合适的画面。

100mm F7.1 1/2000s ISO200

○ 用点测光模式针对天空进行测光，得到夕阳氛围强烈的照片

利用曝光锁定功能锁定曝光值

利用曝光锁定功能可以在测光期间锁定曝光值。此功能的作用是允许摄影师针对某一个特定区域进行对焦，而对另一个区域进行测光，从而拍摄出曝光正常的照片。

使用曝光锁定功能的方便之处在于，即使我们松开半按快门的手，重新进行对焦、构图，只要按住曝光锁定按钮，那么相机还是会以刚才锁定的曝光参数进行曝光。

○ 佳能 R5 相机的曝光锁定按钮

下面以佳能 R5 相机为例，讲解曝光锁定的操作方法。

（1）对选定区域进行测光，如果该区域在画面中所占的比例很小，则应靠近被摄物体，使其充满取景器的中央区域。

（2）半按快门，此时在取景器中会显示一组光圈和快门速度组合数据。

○ 尼康 Z8 相机按下相机背面的副选择器中央即可锁定曝光

（3）释放快门，按下曝光锁定按钮✱，相机会记住刚刚得到的曝光值。

（4）重新取景构图、对焦，完全按下快门即可完成拍摄。

○ 索尼 α7S Ⅲ 的曝光锁定按钮

○ 先对人物的面部进行测光，锁定曝光并重新构图后再进行拍摄，从而保证面部获得正确的曝光（焦距：135mm ┊ 光圈：F4 ┊ 快门速度：1/400s ┊ 感光度：ISO100）

○ 使用长焦镜头对人物面部进行测光示意图

利用自动包围曝光功能提高拍摄成功率

　　包围曝光是指通过设置一定的曝光变化范围，然后分别拍摄曝光不足、曝光正常与曝光过度三张照片的拍摄技法。例如，将其设置为 ±1EV 时，即代表分别拍摄减少 1 挡曝光、正常曝光和增加 1 挡曝光的照片，从而兼顾画面的高光、中间调及暗部区域的细节。佳能微单相机支持在 ±3EV 之间以 1/3EV 为单位调节包围曝光，此功能在索尼微单相机中被称为阶段曝光，支持选择三张、五张和九张拍摄，在尼康微单相机中被称为包围曝光，支持在 ±3EV 之间以 1/3EV 为单位调节包围曝光。

什么情况下应该使用包围曝光

　　如果拍摄现场的光线很难把握，或者拍摄的时间很短暂，为了避免曝光不准确而失去这次难得的拍摄机会，可以使用包围曝光功能来确保万无一失。此时可以设置包围曝光，使相机针对同一场景连续拍摄出三张曝光量略有差异的照片。每一张照片曝光量具体相差多少，可由摄影师自己确定。在具体拍摄过程中，摄影师无须调整曝光量，相机将根据设置自动在第一张照片的基础上增加、减少一定的曝光量拍摄出另外两张照片。

　　按此方法拍摄出来的三张照片中，总会有一张是曝光相对准确的照片，因此使用包围曝光能够提高拍摄的成功率。

○ 在不确定要增加曝光还是减少曝光的情况下，可以设置 ±0.3EV 的包围曝光，连续拍摄得到三张曝光量分别为 +0.3EV、-0.3EV、0EV 的照片。其中，-0.3EV 的效果明显更好一些，在细节和曝光方面获得了较好的平衡

自动包围曝光设置

默认情况下，使用包围曝光可以（按三次快门或使用连拍功能）拍摄三张照片，得到增加曝光量、正常曝光量和减少曝光量三种不同曝光结果的照片。

佳能R5相机设置步骤

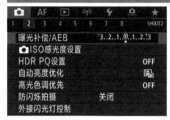  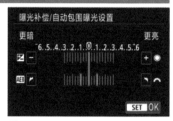

❶ 在**拍摄菜单**2中选择**曝光补偿/ AEB**选项

❷ 点击 或 图标设置曝光补偿量，并以此为基础设置包围曝光的曝光量

❸ 点击 或 图标设置自动包围曝光值，设置完成后，点击 图标确定

尼康Z8相机设置步骤

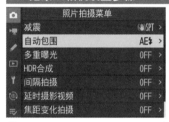  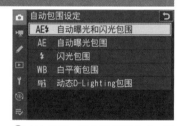

❶ 在**照片拍摄**菜单中点击**自动包围**选项

❷ 点击选择**自动包围设定**选项

❸ 点击选择一种自动包围方式。然后返回步骤❷界面再设置拍摄张数和增量

索尼α7SⅢ相机设置步骤

按控制轮上的拍摄模式按钮⌚/❑，然后按▲或▼方向键选择单拍或连拍阶段曝光模式，再按◄或►方向键选择曝光量和张数选项

设置包围曝光拍摄数量

　　索尼和尼康微单相机的包围曝光拍摄数量都集中在一个菜单中。而佳能微单相机在使用自动包围曝光及白平衡包围曝光拍摄时，需要在"包围曝光拍摄数量"菜单中指定要拍摄的数量。

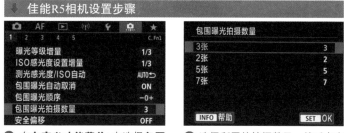

❶ 在**自定义功能菜单**1中选择**包围曝光拍摄数量**选项

❷ 选择所需的拍摄数量，然后点击 **SET OK** 图标确定

为合成HDR照片拍摄素材

　　对于风光、建筑等题材，可以使用包围曝光功能拍摄出不同曝光结果的照片，并进行HDR合成，从而得到高光、中间调及暗调都具有丰富细节的照片。

○ 在拍摄三张照片时都增加了 0.3 挡的曝光补偿，并在此基础上设置了 ±0.7EV 的包围曝光，因此拍摄得到的三张照片分别为 −0.4EV、+0.3EV、+1.0EV 的效果

白平衡与色温的概念

摄影爱好者将自己拍摄的照片与专业摄影师的照片做对比后，往往会发现除了构图、用光有差距外，通常色彩也没有专业摄影师还原得精准。原因很简单，因为专业摄影师在拍摄时，对白平衡进行了精确设置。

什么是白平衡

简单地说，白平衡就是由相机提供的，确保摄影师在不同的光照环境下拍摄时，均能真实地还原景物的颜色。

无论是在室外的阳光下，还是在室内的白炽灯下，人的固有观念会将白色的物体视为白色，将红色的物体视为红色。出现这种感觉是因为人的眼睛能够修正光源变化造成的色偏。

实际上，当光源改变时，这些光的颜色也会发生变化，相机会精确地将这些变化记录在照片中，这样的照片在校正之前看上去是偏色的，但其实这才是物体在当前环境下的真实色彩。相机具备的白平衡功能，可以校正不同光源下的色偏，就像人眼一样，使偏色的照片得以纠正。例如，在晴天拍摄时，拍摄出来的画面整体会偏向蓝色调，而眼睛所看到的画面并不偏蓝，此时，就可以将白平衡模式设置为"日光"模式，使画面中的蓝色减少，还原出景物本来的色彩。

`200mm F10 1/800s ISO1250`

○ 将白平衡设置为阴影模式，使落日的氛围感更强

尼康 Z8 相机白平衡设置方法：按住 WB 按钮并旋转主指令拨盘，即可选择不同的白平衡模式。选择自动、荧光灯等白平衡模式，同时转动副指令拨盘，可以选择子选项

索尼 α7S III 相机白平衡设置方法：按 Fn 按钮显示快速导航界面，按▲、▼、◀、▶方向键选择白平衡模式图标，然后转动前转盘即可选择不同的白平衡模式

佳能 R5 相机白平衡设置方法：按 M-Fn 按钮，然后转动速控转盘 I ○选择白平衡选项，再转动主拨盘选择白平衡模式选项

什么是色温

在摄影领域，色温用于说明光源的成分，单位用"K"表示。例如，日出日落时，光为橙红色，这时色温较低，大约为3200K；太阳升高后，光为白色，这时色温高，大约为5400K；阴天的色温还要高一些，大约为6000K。色温值越大，则光源中所含的蓝色光越多；反之，色温值越小，光源中所含的红色光越多。

低色温的光趋于红、黄色调，其能量分布中红色调较多，因此，通常又被称为"暖光"；高色温的光趋于蓝色调，其能量分布较集中，也被称为"冷光"。在日落之时，光线的色温通常较低，因此，拍摄出来的画面偏暖，适合表现夕阳静谧、温馨的感觉。为了加强这样的画面效果，可以使用暖色滤镜，或者将白平衡设置成阴天模式。晴天、中午时分的光线色温较高，拍摄出来的画面偏冷，通常这时空气的能见度也较高，可以很好地表现大景深的场景。另外，冷色调的画面可以很好地表现出清冷的感觉，以开阔视野。

下面的图例展示了不同光源对应的色温值范围，即当处于不同的色温范围时，所拍摄出来的照片的色彩倾向。

通过示例图可以看出，相机中的色温与实际光源的色温是相反的，这便是白平衡的工作原理，通过对应的补色来进行补偿。

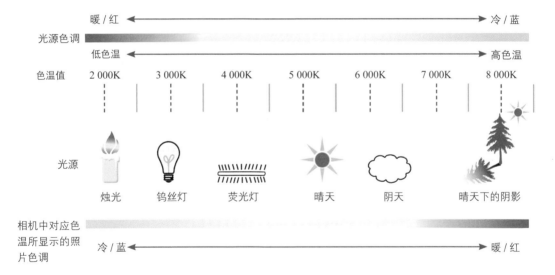

色温对照片色彩的影响

了解了色温并理解色温与光源之间的联系后，摄影爱好者可以通过在相机中改变预设白平衡模式、自定义设置色温（K）值，来获得色调不同的照片。

通常情况下，当自定义设置的色温和光源色温一致时，能获得准确的色彩还原效果；如果设置的色温高于拍摄时现场光源的色温，则照片的颜色会向暖色偏移；如果设置的色温低于拍摄时现场光源的色温，则照片的颜色会向冷色偏移。

这种通过手动调节色温获得不同色彩倾向或使画面偏某色调的手法，在摄影中经常使用。

预设白平衡的含义与典型应用

不管是佳能、尼康还是索尼微单相机，都提供了多种预设白平衡（它们的名称见右表），它们分别针对一些常见的典型环境，通过选择这些预设的白平衡可快速获得需要的色彩。

通常情况下，使用自动白平衡就可以得到较好的色彩还原，但这不是万能的。例如，在室内灯光下或多云的天气下拍摄的画面，会出现还原不正常的情况。此时就要针对不同的光线环境还原色彩，如钨丝灯、白色荧光灯和阴天等。但如果不确定应该使用哪一种白平衡，最好选择自动白平衡模式。

下表为佳能微单相机的预设白平衡模式讲解及图像效果。

佳能 R5 相机	尼康 Z8 相机	索尼 α7S Ⅲ 相机
自动	自动	自动
-	自然光自动适应 ☀A	-
日光	晴天☀	日光☀
阴影	背阴🔳	阴影🔺
阴天	阴天☁	阴天☁
钨丝灯	白炽灯💡	白炽灯💡
白色荧光灯	荧光灯💡	荧光灯（暖白色）💡-1 荧光灯（冷白色）💡0 荧光灯（日光白色）💡+1 荧光灯（日光）💡+2
闪光灯	闪光灯📷⚡	闪光灯💡
—	—	水中自动（🎥）

当在晴天的阴影中拍摄时，由于色温较高，使用阴影白平衡模式可以获得较好的色彩还原。阴影白平衡可以营造出比阴天白平衡更浓郁的暖色调，常应用于日落题材

在相同的现有光源下，阴天白平衡可以营造出一种较浓郁的红色的暖色调，给人温暖的感觉，适用于云层较厚的天气，或者在阴天、黎明、黄昏等环境中拍摄时使用

闪光灯白平衡主要用于平衡使用闪光灯时的色温，较为接近阴天时的色温。但要注意的是，不同的闪光灯，其色温值也不尽相同，因此需要通过实拍测试才能确定色彩还原是否准确

在空气较为通透或天空有少量薄云的晴天拍摄时，一般只要将白平衡设置为日光白平衡，就能获得较好的色彩还原。但如果在正午时分，又或者在日出前、日落后拍摄，此白平衡则不适用

使用白色荧光灯白平衡模式可以营造出偏蓝的冷色调，不同的是，白色荧光灯白平衡的色温比钨丝灯白平衡的色温更接近现有光源色温，所以显示出的色彩相对接近原色彩

钨丝灯白平衡模式适用于拍摄宴会、婚礼、舞台表演等，由于色温较低，因此可以得到较好的色彩还原。而拍摄其他场景会使画面色调偏蓝，严重影响色彩还原

手调色温让画面色彩更符合理想

手调色温是指根据拍摄环境的特点，手动调整相机白平衡的色温，当选择预设白平衡不能够满足还原现场真实光照效果时，除了可以使用自定义白平衡方法外，如果对色温较为熟悉，也可通过手调色温的方法来选择精确的色温值，以准确地还原拍摄现场的光照效果。佳能和尼康微单相机提供了 2500~10000K 的调整范围（索尼微单相机的可调整范围为 2500~9900K），用户可以根据实际色温进行精确的调整。

例如，在预设白平衡中不可能选择代表色温 4170K 或 3230K 的白平衡，而使用手调色温即可轻松地调整出这样的色温值。

索尼 α7S Ⅲ 相机设定步骤

❶ 在**曝光/颜色菜单**中的第5页**白平衡模式**中，点击选择**白平衡模式**选项

❷ 点击选择**色温/滤光片**选项

❸ 点击选择色温数值框，点击右侧的▲或▼图标更改色温数值，然后点击 ●ок 图标确定

尼康 Z8 相机设定步骤

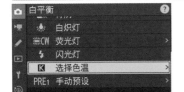

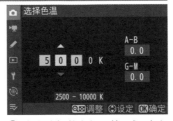

❶ 在**照片拍摄**菜单中点击**白平衡**选项，然后点击**选择色温**选项

❷ 点击选择数字框，按▲或▼方向键可以更改色温值

佳能 R5 相机设定步骤

50mm F3.2 1/250s ISO200

○ 通过设置色温，使画面呈现为蓝色调

❶ 在**拍摄菜单**3中点击选择**白平衡**选项

❷ 点击选择**色温**选项，然后点击 、 图标选择色温值，选择完成后点击 SET OK 图标确定

对焦及对焦点的概念

什么是对焦

准确对焦是成功拍摄的重要前提之一。准确对焦可以将主体在画面中清晰地呈现出来；反之，则容易出现画面模糊的状况，也就是所谓的"失焦"。

完整的拍摄过程如下。

首先，选定光线与被摄主体。

其次，通过操作将对焦点移至被拍摄主体上需要合焦的位置。例如，在拍摄人像时通常以眼睛作为合焦位置。

再次，对被摄主体进行构图操作。

最后，半按快门启动相机的对焦、测光系统，再完全按下快门结束拍摄操作。

在这个过程中，对焦操作起到确保照片画面清晰的作用。

什么是对焦点

相信摄影爱好者在购买相机时，都会详细查看所选相机的性能参数，其中包括该相机的自动对焦点数量。

那么，什么是自动对焦点呢？

从被摄对象的角度来说，对焦点就是相机在拍摄时合焦的位置。例如，在拍摄花卉时，如果将对焦点选在花蕊上，则最终拍摄出来的花蕊部分就是最清晰的。

从相机的角度来说，对焦点是在液晶监视器及取景器上显示的数个方框，在拍摄时摄影师需要使相机的对焦框与被摄对象的对焦点准确合一，以指导相机应该对哪一部分进行合焦。

100mm F4.5 1/1000s ISO200

⚪ 将对焦点放置在蝴蝶的头部，并使用大光圈拍摄，得到了背景虚化而蝴蝶清晰的照片

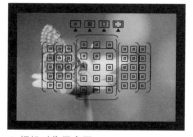

⚪ 相机对焦示意图

根据拍摄题材选用自动对焦模式

如果说了解测光可以帮助我们正确地还原影调，那么选择正确的自动对焦模式，则可以帮助我们获得清晰的影像，而这恰恰是拍出好照片的关键环节之一。下面分别介绍各种自动对焦模式的特点及适用场合，根据相机的不同品牌，相机的对焦模式名称也略有区别，见下表所示。

佳能相机	尼康相机	索尼相机
单次自动对焦（ONE SHOT）	单次伺服自动对焦（AF-S）	单次自动对焦（AF-S）
人工智能伺服自动对焦（AI SERVO）	连续伺服自动对焦（AF-C）	连续自动对焦（AF-C）
人工智能自动对焦（AI FOCUS）	自动伺服自动对焦（AF-A）	自动选择自动对焦（AF-A）

拍摄静止对象选择单次自动对焦

在单次自动对焦模式下，相机在合焦（半按快门时对焦成功）之后即停止自动对焦，此时可以保持快门的半按状态重新调整构图。

单次自动对焦模式是风光摄影中最常用的对焦模式之一，特别适合拍摄静止的对象，如山峦、树木、湖泊、建筑等。当然，在拍摄人像、动物时，如果被摄对象处于静止状态，也可以使用这种对焦模式。

O 在拍摄静态对象时，使用单次自动对焦模式完全可以满足拍摄需求

佳能 R5 相机对焦模式设置方法：先将镜头的对焦模式开关置于 AF 端，按 M-Fn 按钮，转动速控转盘 1 ◯选择自动对焦操作选项，然后转动主拨盘 🕸选择所需的自动对焦模式

尼康 Z8 相机对焦模式设置方法：按住对焦模式按钮并旋转主指令拨盘选择所需的对焦模式

索尼 α7S Ⅲ 相机对焦模式设置方法：在拍摄待机屏幕显示的状态下，按 Fn 按钮，然后按◄、►、▲、▼方向键选择对焦模式选项，转动前 / 后转盘选择所需对焦模式

拍摄运动的对象选择连续自动对焦

在拍摄运动中的鸟、昆虫、人等对象时，如果摄影爱好者使用单次自动对焦模式，会发现拍摄的大部分画面都不清晰。对于运动的主体，在拍摄时最适合选择连续自动对焦模式。

在连续自动对焦式下，当摄影师半按快门合焦后，保持快门的半按状态，相机会在对焦点中自动切换以保持对运动对象的准确合焦状态，在这个过程中，如果被摄对象的位置发生了较大变化，只要移动相机使自动对焦点保持覆盖主体，就可以持续地进行对焦。

400mm F6.3 1/2000s ISO400

○ 当拍摄从水面起飞的鸟儿时，适合使用人工智能伺服自动对焦模式

拍摄动静不定的对象选择自动选择自动对焦

越来越多的人因为家里有小孩子而购买单反或微单相机，以记录小孩的日常，但到真正拿起相机拍他们时，却发现小孩子的动和静毫无规律，想要拍摄好照片太难了。

数码相机针对这种无法确定拍摄对象是静止还是运动状态的拍摄情况，提供了自动选择自动对焦模式。在此模式下，相机会自动根据拍摄对象是否运动来选择单次自动对焦还是连续自动对焦。

例如，在动物摄影中，如果所拍摄的动物暂时处于静止状态，但有突然运动的可能性，此时应该使用该自动对焦模式，以保证能够将拍摄对象清晰地捕捉下来。在人像摄影中，如果模特不是处于摆拍状态，随时有可能从静止状态变为运动状态，也可以使用这种自动对焦模式。

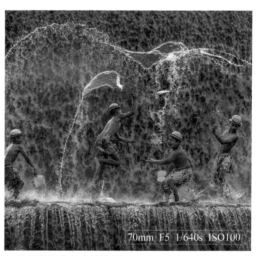

70mm F5 1/640s ISO100

○ 儿童玩耍的状态无法确定动静，因此，可以使用自动选择自动对焦模式

手选对焦点的必要性

不管是拍摄静止的对象还是拍摄运动的对象，并不是说只要选择了相对应的自动对焦模式，便能成功拍摄了，在进行了这些操作之后，还需要手动选择对焦点或对焦区域的位置。

例如，在拍摄摆姿人像时，需要将对焦点位置选择在人物眼睛处，使人物眼睛炯炯有神。如果拍摄人物处于树叶或花丛的后面，对焦点的位置很重要，如果对焦点的位置在树叶或花丛中，那么拍摄出来的人物会是模糊的，而如果将对焦点位置选择在人物上，那么拍摄出来的照片会是前景虚化的唯美效果。

同样地，在拍摄运动的对象时，也需要选择对焦区域的位置，因为不管是连续自动还是自动选择自动对焦模式，都是从选择的对焦区域开始追踪对焦拍摄对象的。

佳能 R5 相机手选对焦点操作方法：按相机背面右上方的自动对焦点选择按钮⊞，然后按多功能控制钮※调整对焦点或对焦区域的位置

尼康 Z8 相机手选对焦点操作方法：在拍摄过程中，向上、向下、向左或向右按下多重选择器，可以调整自动对焦点的位置

索尼 α7S Ⅲ 相机对焦区域模式设置方法：按多功能选择器上的◀、▶、▲、▼方向键移动自动对焦点的位置

○ 采用手选对焦点的方式拍摄，保证了对人物的灵魂——眼睛进行准确对焦

85mm F1.4 1/160s ISO100

○ 手选对焦点示意图

8 种情况下手动对焦比自动对焦更好

虽然大多数情况下，使用自动对焦模式便能成功对焦，但在某些场景，需要手动对焦才能更好地完成拍摄。在下面列举的一些情况下，相机的自动对焦系统往往无法准确对焦，此时就应该切换至手动对焦模式，然后手动调节对焦环完成对焦。

手动对焦拍摄还有一个好处，就是在对某一物体进行对焦后，只要在不改变焦平面的情况下再次构图，则不需要再进行对焦，这样就节约了拍摄时间。

佳能 R5 相机手动对焦设置方法：将镜头上的对焦模式切换器设为 MF，即可切换至手动对焦模式

尼康 Z8 相机手动对焦设置方法：按下 *i* 按钮显示常用设定菜单，使用多重选择器选择对焦模式选项，然后转动主指令拨盘选择手动对焦模式

- ■ 杂乱的场景：当拍摄场景中充满杂乱无章的物体，特别是当被摄主体较小，或者没有特定形状、大小、色彩、明暗时，例如，在树林、挤满行人的街道等场景中，想要精准地对主体对焦，手动对焦就变得必不可少。
- ■ 弱光环境：当在漆黑的环境中拍摄时，例如，拍摄星轨、闪电或光绘时，物体的反差很小。除非用对焦辅助灯或其他灯光照亮被拍摄对象，否则应该使用手动对焦模式来完成对焦操作。
- ■ 微距题材：当使用微距镜头拍摄微距题材时，由于画面的景深极浅，使用自动对焦模式往往会跑焦，所以使用手动对焦模式将焦点对准主体进行对焦，更能提高拍摄的成功率。
- ■ 被摄对象前方有障碍物：如果被摄对象前方有障碍物，例如，拍摄笼子中的动物、花朵后面的人等，使用自动对焦模式就会对焦在障碍物上而不是被摄对象上，此时使用手动对焦模式可以精确地对焦至主体上。

索尼 α7S Ⅲ 相机手动对焦设置方法：在**对焦菜单**中的第 1 页 AF/MF 中，点击选择**对焦模式**选项，点击选择 DMF 或 MF 选项，然后点击 ●OK 图标确定

- ■ 建筑物：现代建筑物的几何形状和线条经常会迷惑相机的自动对焦系统，造成对焦困难。有经验的摄影师一般都采用手动对焦模式来拍摄。
- ■ 低反差：低反差是指被摄对象和背景的颜色或色调比较接近，例如，拍摄一片雪地中的白色雪人，使用自动对焦模式是很难对焦成功的。
- ■ 高对比：当拍摄对比强烈的明亮区域时，例如，在日落时，拍摄以纯净天空为背景、人物为剪影效果的画面，手动对焦模式比自动对焦模式好用。
- ■ 背景占大部分画面：被摄主体在画面中较小，背景在画面中占比较大，例如，一个小小的人站在纯净的红墙前，自动对焦系统往往不能准确、快速地对人物对焦，而切换到手动对焦模式，则可以做得又快又好。

驱动模式与对焦功能的搭配使用

针对不同的拍摄任务，需要将快门设置为不同的驱动模式。例如，抓拍高速移动的物体时，为了保证成功率，可以通过相应设置使摄影师按下一次快门能够连续拍摄多张照片。

佳能微单相机以佳能 R5 为例，其提供了单拍□、高速连拍+ 🔲、高速连拍🔲H、低速连拍🔲、10 秒自拍/遥控🔂、2 秒自拍/遥控🔂 6 种模式。

尼康微单相机以尼康 Z8 为例，其提供了单张拍摄⑤、低速连拍🔲L、高速连拍🔲H、高速画面捕捉 C30 🔲30、高速画面捕捉 C60 🔲60、高速画面捕捉 C120 🔲120 以及自拍🔂 7 种模式。

索尼微单相机以 α7S Ⅲ 为例，其提供了单张拍摄□、连拍🔲、定时自拍🔂、定时连拍🔂C、连续阶段曝光 BRKC、单拍阶段曝光 BRKS、白平衡阶段曝光 BRKWB、DRO 阶段曝光 BRKDRO 8 种模式。

单拍模式

在此模式下，每次按下快门都只能拍摄一张照片。单张拍摄模式适合拍摄静态的对象，如风光、建筑、静物等题材。

静音单拍模式的操作方法和拍摄题材与单拍模式类似，但由于使用静音单拍模式时相机发出的声音更小，因此更适合在较安静的场所进行拍摄，或者拍摄易于被相机快门声音惊扰的对象。

○ 使用单拍驱动模式拍摄的各种题材列举

佳能R5相机手动对焦设置方法：按M-Fn按钮，然后转动速控转盘 1〇选择驱动模式选项，转动主拨盘 ⚙ 可选择不同的驱动模式。也可以按速控按钮 回，在速控屏幕中设置驱动模式

尼康 Z8 相机驱动模式设置方法：按控制轮上的拍摄模式按钮 🔂/🔲，然后按▼或▲方向键选择一种拍摄模式。当选项为可进一步设置的拍摄模式时，可以按◀或▶方向键选择所需的选项，然后按控制拨轮中央按钮确定

索尼 α7S Ⅲ 相机驱动模式设置方法：按住🔲按钮并旋转主指令拨盘选择所需释放模式。当选择了连拍或自拍选项时，按住🔲按钮并旋转副指令拨盘可选择连拍时的每秒拍摄张数或自拍延迟时间

连拍模式

在连拍模式下，每次按下快门都将进行连续拍摄。大部分微单相机都提供了高速连拍和低速连拍模式。以佳能 R5 相机为例，提供了 3 种连拍模式，"高速连拍＋"模式（马┇）的最高连拍速度可以达到约 12 张/秒；高速连拍模式（马H）的最高连拍速度能够达到约 8 张/秒，当设定为机械快门拍摄时，连拍速度最快约为 6 张/秒；低速连拍模式（马）的最高连拍速度能达到约 3 张/秒。

连拍模式适合拍摄运动的对象。当将被摄对象的瞬间动作全部抓拍下来以后，可以从中挑选最满意的画面。利用这种拍摄模式，也可以将持续发生的事件拍摄成一系列照片，从而展现一个相对完整的过程。

O 使用连拍驱动模式抓拍小鸟进食的精彩画面

自拍模式

佳能、尼康和索尼微单相机都提供有自拍模式，其中佳能微单相机提供了两种自拍模式，可以满足不同的拍摄需求。

■ 10 秒自拍/遥控⬚⟲：在此驱动模式下，可以在10秒后进行自动拍摄，此驱动模式支持与遥控器搭配使用。

■ 2秒自拍/遥控⬚⟲2：在此驱动模式下，可以在两秒后进行自动拍摄，此驱动模式也支持与遥控器搭配使用。

尼康微单相机在自拍模式下，可以在"自定义设定"菜单中可以修改"自拍"参数，从而获得2秒、5 秒、10秒和20秒的自拍延迟时间，特别适合自拍或合影时使用。在最后 2 秒时，相机的指示灯不再闪烁，且蜂鸣音变快。

索尼微单相机在自拍模式下，可以选择"10 秒定时""5 秒定时""2 秒定时"3 个选项，即在按下快门按钮后，分别于 10 秒、5 秒或 2 秒后进行自动拍摄。

值得一提的是，自拍驱动模式并非只能用来给自己拍照。例如，在需要使用较低的快门速度拍摄时，可以将相机放在一个稳定的位置，并进行变焦、构图、对焦等操作，然后通过设置自拍驱动模式，避免手按快门产生震动，进而拍摄到清晰的照片。

什么是大景深与小景深

举个最直接的例子，人像摄影中背景虚化的画面就是小景深画面，风光摄影中前后景物都清晰的画面就是大景深画面。

景深的大小与光圈、焦距及拍摄距离这 3 个要素密切相关。

当拍摄者与被摄对象之间的距离非常近，或者使用长焦距或大光圈拍摄时，就能得到很强烈的背景虚化效果；反之，当拍摄者与被摄对象之间的距离较远，或者使用小光圈或较短的焦距拍摄时，画面的虚化效果则会较差。

另外，被摄对象与背景之间的距离也是影响背景虚化的重要因素。例如，当被摄对象距离背景较近时，即使使用 F1.4 的大光圈也不能得到很好的背景虚化效果；但当被摄对象距离背景较远时，即便使用 F8 的光圈，也能获得较强烈的虚化效果。

在下面的章节中，将分情况讨论不同拍摄因素对景深的影响。

17mm F8 1/6s ISO50

o 大景深效果的照片

100mm F4 1/200s ISO200

o 小景深效果的照片

影响景深的因素：光圈

光圈是控制景深（背景虚化程度）的重要因素。即在相机焦距不变的情况下，光圈越大，景深越小；反之，光圈越小，则景深越大。在拍摄时，如果想通过控制景深来使自己的作品更有艺术效果，就要学会合理地使用大光圈和小光圈。

在所有数码微单相机中，都有光圈优先曝光模式，配合上面的理论，通过调整光圈数值的大小，即可拍摄出不同的对象或表现不同的主题。

例如，大光圈主要用于人像摄影、微距摄影，通过虚化背景来突出主体；小光圈主要用于风景摄影、建筑摄影、纪实摄影等，以便使画面中的所有景物都能清晰地呈现出来。

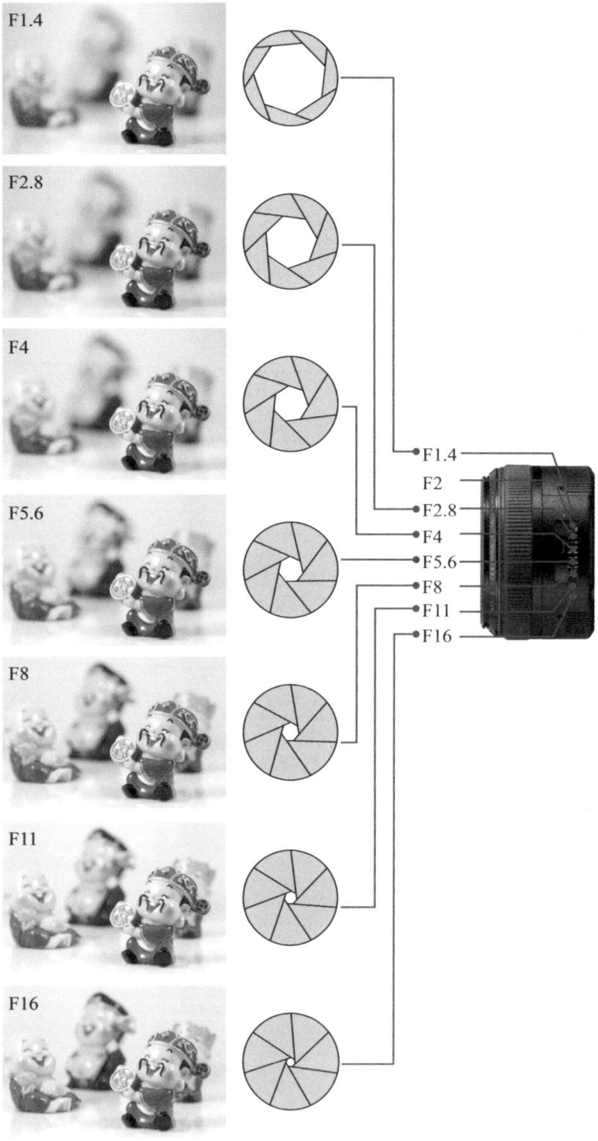

○ 从示例图中可以看出，当光圈从 F1.4 逐渐缩小到 F16 时，画面的景深逐渐变大，画面背景处的玩偶逐渐清晰

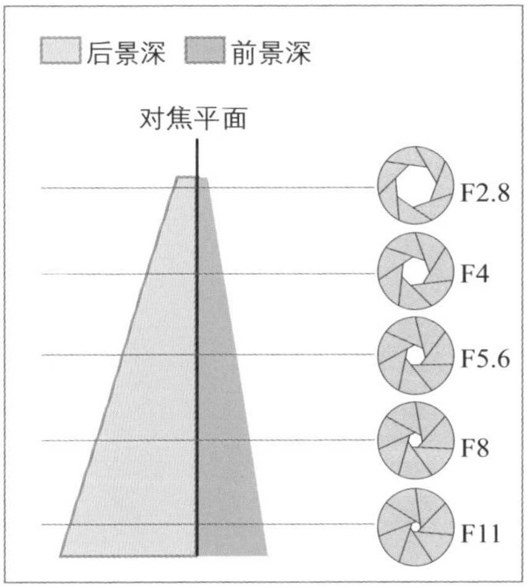

○ 从示例图中可以看出，光圈越大，前、后景深越小；光圈越小，前、后景深越大。其中，后景深又是前景深的两倍

影响景深的因素：焦距

当其他条件相同时，拍摄时所使用的焦距越长，画面的景深就越浅（小），也就可以得到更明显的虚化效果；反之，焦距越短，则画面的景深就越深（大），就越容易得到前后都清晰的画面效果。

○ 70mm 焦距拍摄效果 ○ 140mm 焦距拍摄效果 ○ 200mm 焦距拍摄效果

影响景深的因素：物距

拍摄距离对景深的影响

在其他条件不变的情况下，拍摄者与被摄对象之间的距离越近，则越容易得到小景深的虚化效果；反之，如果拍摄者与被摄对象之间的距离较远，则不容易得到虚化效果。从下面的照片可以看出，镜头距离蜻蜓越远，背景模糊效果就越差，景深越大；反之，镜头越靠近蜻蜓，则背景虚化效果就越好，景深越小。

○ 镜头距离蜻蜓 100cm ○ 镜头距离蜻蜓 70cm ○ 镜头距离蜻蜓 40cm

背景与被摄对象的距离对景深的影响

在其他条件不变的情况下，画面中的背景与被摄对象的距离越远，越容易得到小景深的虚化效果；反之，如果画面中的背景与被摄对象位于同一个焦平面上，或者非常靠近，则景深较大。通过下面这组照片可以看出，在镜头位置不变的情况下，玩偶距离背景越近，则背景的虚化程度就越小。

○ 玩偶距离背景 20cm ○ 玩偶距离背景 10cm ○ 玩偶距离背景 0cm

控制背景虚化用光圈优先模式

　　许多刚开始学习摄影的爱好者，提出的第一个问题就是如何拍摄出人物清晰、背景模糊的照片。其实，使用 Av 光圈优先模式便可以拍摄出来这种效果。切换至 Av 模式的方法如右图所示。

　　在光圈优先曝光模式下，相机会根据当前设置的光圈大小自动计算出合适的快门速度。

　　在同样的拍摄距离下，光圈越大，则景深越小，即画面中的前景、背景的虚化效果就越好；反之，光圈越小，则景深越大，即画面中的前景、背景的清晰度就越高。总结成口诀就是："大光圈景浅，完美虚背景；小光圈景深，远近都清楚。"

佳能R5相机光圈优先模式设置方法：按MODE按钮，然后转动主拨盘选择Av图标，即为光圈优先模式。在光圈优先模式下，用户可以通过转动主拨盘来选择光圈值

○ 使用光圈优先曝光模式，并配合大光圈，可以得到非常漂亮的背景虚化效果，这是人像摄影中很常见的一种表现形式

尼康 Z8 相机光圈优先模式设置方法：按住 MODE 按钮并旋转主指令拨盘选择 A，即为光圈优先曝光模式。在光圈优先曝光模式下，转动副指令拨盘可以选择不同的光圈

○ 用小光圈拍摄的自然风光，画面有足够大的景深，前后景都清晰

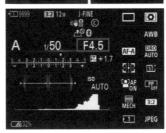

索尼 α7S Ⅲ 相机光圈优先模式设置方法：按住模式旋钮解锁按钮并同时转动模式旋钮，使 A 图标对齐左侧的白色标志处，即为光圈优先模式，在 A 模式下，转动前 / 后转盘可调整光圈值

定格瞬间动作用快门优先模式

足球场上的精彩瞬间、飞翔在空中的鸟儿、海浪拍岸所溅起的水花等题材都需要使用高速快门抓拍。在拍摄这样的题材时，摄影爱好者应首先想到使用快门优先模式。切换至快门优先模式的方法如下图所示。

在快门优先模式下，摄影师可以转动主拨盘从 30~1/8000s（APS-C 画幅相机为 30~1/4000s）范围内选择所需快门速度，然后相机会自动计算光圈的大小，以获得正确的曝光组合。

初学者可以用口诀"快门凝瞬间，慢门显动感"来记忆，即设定较高的快门速度可以凝固快速的动作或移动的主体；设定较低的快门速度可以形成模糊效果，从而产生动感。

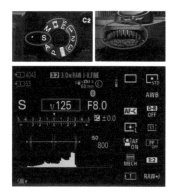

佳能R5相机快门优先模式设置方法：按MODE按钮，然后转动主拨盘选择Tv图标，即为快门优先模式。在快门优先模式下，用户可以通过转动主拨盘来选择快门速度值

尼康 Z8 相机快门优先模式设置方法：按住 MODE 按钮并旋转主指令拨盘选择 S，即为快门优先曝光模式。在快门优先曝光模式下，转动主指令拨盘可以选择不同的快门速度

索尼 α7S Ⅲ 相机快门优先模式设置方法：按住模式旋钮解锁按钮并同时转动模式旋钮，使 S 图标对齐左侧的白色标志处，即为快门优先模式。在 S 模式下，可以转动前/后转盘调整快门速度值

用快门优先曝光模式，以低速快门拍摄，海浪呈现出丝线般的效果   18mm F10 1/2s ISO100

匆忙抓拍用程序自动模式

当在拍摄街头抓拍，或者拍摄纪实、新闻等题材时，最适合使用 P 挡程序自动模式。此模式的最大优点是操作简单、快捷，适合拍摄快照或不用十分注重曝光控制的场景。切换至 P 挡程序自动模式的方法如右图所示。

在此拍摄模式下，相机会自动选择适合手持拍摄并且不受相机抖动影响的快门速度，同时还会调整光圈以得到合适的景深，从而确保所有景物都能得到清晰的呈现。摄影师还可以设置 ISO 感光度、白平衡和曝光补偿等其他参数。

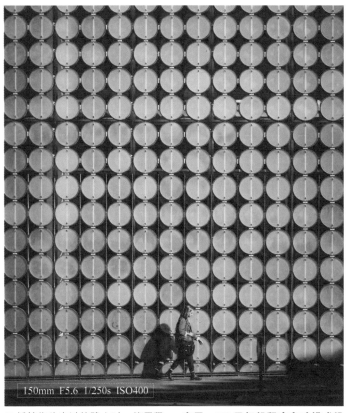

O 抓拍街头走过的路人时，使用程序自动模式进行拍摄很方便

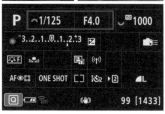

佳能 R5 相机程序自动模式设置方法：按 MODE 按钮，然后转动主拨盘选择 P 图标，即为程序自动模式。在 P 模式下，用户可以通过转动主拨盘来选择快门速度和光圈的不同组合

尼康 Z8 相机程序自动模式设置方法：按住 MODE 按钮并旋转主指令拨盘选择 P，即为程序自动曝光模式。在程序自动曝光模式下，可以转动主指令拨盘选择所需的曝光组合

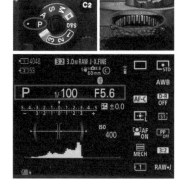

索尼 α7S III 相机程序自动模式设置方法：按住模式旋钮解锁按钮并同时转动模式旋钮，使 P 图标对齐左侧的白色标志，即为程序自动模式。在 P 模式下，曝光测光开启时，转动前 / 后转盘可选择快门速度和光圈的不同组合

自由控制曝光用全手动模式

全手动曝光模式的优点

对于前面的曝光模式，摄影初学者问得较多的问题是："程序自动、光圈优先、快门优先、全手动，这 4 种模式，哪种模式比较容易上手？"专业摄影大师们往往推荐全手动模式。其实这 4 种模式并没有好用与不好用之分，只不过程序自动、光圈优先、快门优先这 3 种模式都由相机控制部分曝光参数，摄影师可以手动设置一些其他参数；而在全手动曝光模式下，所有的曝光参数都可以由摄影师手动进行设置，因而比较符合专业摄影大师们的习惯。

具体说来，使用 M 挡全手动模式拍摄还具有以下优点。

■使用M挡全手动曝光模式拍摄，当摄影师设置好恰当的光圈、快门速度后，即使移动镜头再次进行构图，光圈与快门速度也不会发生变化。

■使用其他曝光模式拍摄，往往需要根据场景的亮度，在测光后进行曝光补偿操作；而在M挡全手动曝光模式下，由于光圈与快门速度都是由摄影师设定的，因此设定其他参数的同时就可以将曝光补偿考虑在内，从而省略了曝光补偿的设置过程。因此，在全手动曝光模式下，摄影师可以按自己的想法让影像曝光不足，以使照片显得较暗，给人忧伤的感觉，或者让影像稍微过曝，拍摄出明快的高调照片。

■当在摄影棚拍摄并使用了频闪灯或外置非专用闪光灯时，由于无法使用相机的测光系统，需要使用测光表或通过手动计算来确定正确的曝光值，因此就需要手动设置光圈和快门速度，从而实现正确的曝光。

佳能R5相机手动模式设置方法：按MODE按钮，然后转动主拨盘 选择M图标，即为手动模式。在手动曝光模式下，转动主拨盘 可以调节快门速度值，转动速控转盘1 可以调节光圈值，转动速控转盘2 可以调节感光度值

尼康Z8 相机手动模式设置方法：按住 MODE 按钮并旋转主指令拨盘选择 M，即为手动模式。在 M 挡手动模式下，转动主指令拨盘可以选择不同快门速度，转动副指令拨盘可以选择不同的光圈

索尼 α7S Ⅲ 相机手动模式设置方法：按住模式旋钮锁定解除按钮并同时转动模式旋钮，使 M 图标对齐左侧的白色标志处，即为手动模式。在 M 模式下，转动后转盘可以调整快门速度值，转动前转盘可以调整光圈值

判断曝光状况的方法

在使用 M 挡全手动曝光模式拍摄时，为避免出现曝光不足或曝光过度的问题，摄影师可通过观察液晶监视器和取景器中的曝光量游标的情况，来判断是否需要修改以及应该如何修改当前的曝光参数组合。

判断的依据就是当前曝光量游标的位置，当其位于标准曝光量的位置时，就能获得相对准确的曝光。

需要特别指出的是，如果希望拍出曝光不足的低调照片或曝光过度的高调照片，则需要调整光圈与快门速度，使当前曝光量游标处于正常曝光量标志的左侧或右侧，游标越向左侧偏移，曝光不足程度越高，照片越暗。反之，如果当前曝光量游标在正常曝光量标志的右侧，则当前照片处于曝光过度状态，且游标越向右侧偏移，曝光过度程度越高，照片越亮。

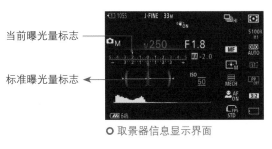

当前曝光量标志 →

标准曝光量标志 →

○ 取景器信息显示界面

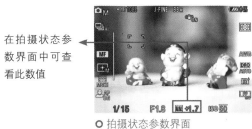

在拍摄状态参数界面中可查看此数值 →

○ 拍摄状态参数界面

50mm F7.1 1/125s ISO200

50mm F5.6 1/160s ISO200

○ 在室内拍摄人像时，由于光线、背景不变，所以使用手动模式（M）并设置好曝光参数后，就可以把注意力集中到模特的动作和表情上，拍摄将变得更加轻松自如

拍烟花、车轨、银河、星轨用 B 门模式

摄影初学者在拍摄朵朵绽开的烟花、乌云下的闪电等对象时，往往都只能抓拍到一朵烟花或漆黑的天空，这种情况的确会让人备感失落。

其实，对于光绘、车流、银河、星轨、焰火等这种需要长时间曝光并手动控制曝光时间的题材，其他模式都不适合，应该用 B 门模式拍摄，切换到 B 门模式的方法如右侧图所示。

在 B 门曝光模式下，持续地完全按下快门按钮将使快门一直处于打开状态，直到松开快门按钮时快门被关闭，才完成了整个曝光过程。因此，曝光时间取决于快门按钮被按下与被释放的时间长短。

当使用 B 门曝光模式拍摄时，为了避免拍摄的照片模糊，应该使用三脚架及遥控快门线辅助拍摄，若不具备条件，至少也要将相机放置在平稳的地面上。

佳能R5相机B门模式设置方法：按MODE按钮，然后转动主拨盘选择BULB图标，即为B门曝光模式。在B门模式下，用户可以转动主拨盘选择光圈值

尼康 Z8 相机 B 门模式设置方法：先将曝光模式设置为 M 挡手动模式，然后向左转动主指令拨盘，直至显示屏显示的快门速度为 Bulb（B 门）

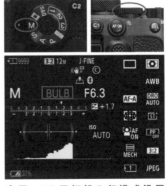

索尼 α7S Ⅲ 相机 B 门模式设置方法：在 M 手动模式下，向左转动后转盘直至快门速度显示为BULB，即为 B 门模式

28mm F16 60s ISO50

○ 通过 60s 的长时间曝光，拍摄得到放射状的流云画面

第3章
构图与用光美学基础理论

理解两大构图目的

营造画面的兴趣中心

一幅成功的摄影作品，画面必须要有一个鲜明的兴趣中心，在点明画面主题的同时，也是吸引观赏者注意力的关键所在。一幅作品无法包罗万象，纳入过多对象只会使画面显得杂乱无章，且易分散观赏者的注意力，使画面主题表达不明确。

而营造画面兴趣中心要求画面只突出表现一个景物，有一个清晰而鲜明的事物或主题思想，可以是整个物体或物体的某个组成部分，也可以是一个抽象的构图元素，抑或是几个元素的组合等，从而使画面产生统一感。选择好所要表现的主体对象之后，摄影师可以通过画面的布局、大小和对比来加强主体对象的表现，并使之在画面中占据绝对优势。

赋予画面形式美感

形式美在摄影中的运用，通常是指将构成画面的基本视觉元素，如色彩、形状、线条和质感等，通过组织、提炼呈现出的审美特征。

作为一名摄影师，要相信绝大部分事物都有其独特的视觉审美点，无论它是渺小的还是宏伟的、华丽的还是朴素的。摄影师的任务就是从形态、线条、质感、明暗、颜色及光线等方面进行观察，综合运用各种造型手段，将被拍摄对象的形式美体现在照片中。

24mm F11 1/25s ISO100

O 以弯曲的河流作为前景，起到视觉引导的作用，让人随之观看远处的高山，以及恰好飘在山峰之上的彩云，整个画面浑然一体

摄影构图与摄像构图的异同

在当前的视频时代，许多摄影师并非只拍摄静态的照片，还要拍摄各类视频。因此，笔者认为有必要对摄影构图与摄像构图的异同进行阐述，以便各位读者在掌握本书所讲述的知识后，除了可以应用到照片拍摄活动中，还能够灵活运用到视频拍摄领域。

相同之处

两者的相同之处在于，视频画面也需要考虑构图。其应用到的知识与静态的摄影构图没有区别。所以，当人们欣赏优秀的电影、电视作品时，将其中的一个静帧抽取出来欣赏，其美观度不亚于一张用心拍摄的静态照片。下图所示为电影《妖猫传》的一个镜头，不难看出，导演在拍摄时使用了非常严谨的对称式构图。

○ 电影中对称式构图的应用

这也就意味着，拍摄照片涉及的构图法则、构图逻辑等理论知识，完全可以用于视频拍摄的构图。

不同之处

由于视频是连续运动的画面，所以构图时不仅要考虑当前镜头的构图，还要综合考虑前后几个镜头，从而形成一个完整的镜头段落，用这个段落来表达某一主题。所以，如果照片属于静态构图，那么视频则属于动态构图。

例如，要表现一栋建筑，如果采用摄影构图，通常以广角镜头来表现。而在拍摄视频时，首先以低角度拍摄建筑的局部，再从下往上摇镜头，以表现其雄伟气派的特点。因为这样的镜头类似于人眼的观看方式，更容易让人有身临其境的感觉。

因此，在拍摄视频时，需要确定分镜头脚本，以确定每一个镜头表现的景别及要重点突出的内容，不同镜头之间相互补充，然后通过一组镜头形成一个完整的作品。

也正是因此，在视频拍摄过程中，要重点考虑的是一组镜头的总体效果，而不是某一个静帧画面的构图效果，要按照局部服从整体的原则来考虑构图。

当然，如果有可能，每一个镜头的构图都非常美观是最好的，但实际上，这很难保证。因此，不能按静态摄影构图的标准来要求视频画面的构图效果。

另外，在拍摄静态照片时，会运用竖画幅、方画幅构图，但对视频来说，除非上传至抖音、快手等短视频平台，一般不使用这两种画幅进行构图。

画面的主要构成

画面主体

　　在一张照片中，主体不仅承担着吸引观者视线的作用，同时也是表现照片主题最重要的元素，而主体以外的元素，则应该作为突出主体或表现主题的陪衬。

　　从内容上来说，主体可以是人，也可以是物，甚至可以是一个抽象的对象；而在构成上，点、线与面都可以成为画面的主体。

100mm F5.6 1/200s ISO200

○ 用大光圈虚化了背景，在小景深的画面中蝴蝶非常醒目

画面陪体

　　陪体在画面中并非是必需的，但恰当地运用陪体可以让画面更为丰富，可以渲染不同的气氛，对主体起到解释、限定、说明的作用，有利于传达画面的主题。

　　有些陪体并不需要出现在画面中，通过主体发出的某种"信号"，能让观者感觉到画面以外陪体的存在。

85mm F2.8 1/100s ISO100

○ 拍摄人像时将气球作为陪体，可以使画面氛围更加活泼，同时也丰富了画面的色彩

景别

景别是影响画面构图的另一个重要因素。景别是指因镜头与被摄体之间距离的变化，使被摄主体在画面中所呈现的范围大小的区别。

特写

特写可以说是专门刻画细节或局部特征的一种景别，在内容上能够以小见大，而对环境则表现得非常少，甚至可以完全忽略。

需要注意的是，正因为特写景别是针对局部进行拍摄的，有时甚至会达到纤毫毕现的程度，因此对拍摄对象的要求更为苛刻，以避免细节不完美，影响画面的效果。

200mm F14 1/200s ISO100

○ 用长焦镜头表现角楼的细节，突出其古典的结构特点

近景

当采用近景景别拍摄时，环境所占的比例非常小，对主体的细节层次与质感表现较好，画面具有鲜明、强烈的感染力。如果以人体来衡量，近景则主要拍摄人物胸部以上的部分。

170mm F10 1/250s ISO100

○ 利用近景表现角楼，可以很好地突出其局部的结构特点

中景

中景通常选取被摄主体的大部分，从而对其细节表现得更加清晰。同时，画面中也会有一些环境元素，用以渲染整体气氛。如果以人体来衡量，中景主要拍摄人物上半身至膝盖左右的部分。

135mm F9 1/250s ISO100

○ 中景画面中的角楼，可以看出其层层叠叠的建筑结构，很有东方特色

全景

全景以拍摄主体作为画面的重点，主体全部显示于画面中，适合表现主体的全貌，相比远景更易于表现主体与环境之间的密切关系。例如，在人物肖像摄影中运用全景构图既能展示出人物的行为动作、面部表情与穿着等，也可以从某种程度上表现人物的内心活动。

85mm F9 1/250s ISO100

○ 全景很好地表现了角楼整体的结构特点

远景

远景通常是指画面中除了被摄主体，还包括更多的环境因素。远景在渲染气氛、抒发情感、表现意境等方面具有独特的效果，远景画面具有广阔的视野，在气势、规模、场景等方面的表现力更强。

24mm F7.1 1/320s ISO100

○ 广角镜头表现了角楼和周围的环境，画面看起来很有气势

15 种必须掌握的构图法则

黄金分割——核心构图法则

黄金分割构图来源于黄金分割比例。

将正方形底边分成二等份，取中点 x，并以此为圆心、以线段 xy 为半径画圆，其与底边直线的交点为 z 点，这样将正方形延伸为一个比例为 5：8 的矩形，即 A：C=B：A=5：8，此比例就是著名的黄金分割比例。除了 5：8 的比例，在实际使用时，也会采用 2:3 或 3:5 等近似的比例。

对于主流数码相机，无论是 APS-C 画幅还是全画幅，其画幅比例都比较接近 5：8，因此在拍摄时，能够非常容易地应用黄金分割法来构图，以达到快速获得完美构图的目的。

在上面推导出的完美矩形的基础上，绘制其左下角与右上角的对角线，再从右下角绘制 y 点的连线，并相交于对角线，这样就把矩形分成了 3 个不同的部分，按照这样的布局安排画面中的元素，就比较容易获得完美的构图。

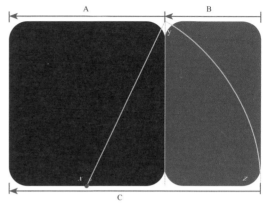

○ 黄金分割法示意图

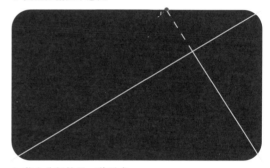

○ 黄金分割的另一种形式

○ 用黄金分割构图法将人物头部放在黄金分割点上，起到了突出主体的作用

145mm F5.6 1/400s ISO100

对摄影而言，真正用到黄金分割法的情况相对较少，因为在实际拍摄时很多画面元素并非摄影师可以控制的，再加上视角、景别等多种变数，也就很难实现完美的黄金分割构图。

但值得庆幸的是，经过不断的实践运用，人们总结出了黄金分割法的一些特点，进而演变出了一些相近的构图方法，如九宫格法（又称为三分法）就是其中一个重要的构图方法，其基本目的就是避免对称式构图的呆板。

○ 九宫格构图法示意图

在此构图方法中，画面中线条的4个交点称为黄金分割点，主体可以置于黄金分割点上，也可以置于任意一条分割线的位置。

○ 用九宫格构图法将荷花放在线的交点处，起到了突出主体的作用

185mm F5.6 1/400s ISO160

三分线——自然、稳定的构图

三分法构图是比较稳定、自然的构图。把主体放在三分线上，可以引导人的视线更好地注意到主体。一直以来，这种构图法被各种风格的拍摄者广泛使用。当然，如果所有的摄影都采用这种构图法也就没有趣味可言了。

60mm F4 1/125s ISO100

○ 将人物放在画面右侧的三分线上，使观赏者的视线第一时间被主体吸引

水平线——宽阔、稳定的构图

水平线构图是典型的安定式构图，是通过构图手法使主体景物在画面中呈现为一条或多条水平线的构图手法。采用这种构图的画面能够给人以淡雅、安宁、平静的感觉。

16mm F10 8s ISO100

○ 夕阳西下，一叶扁舟静静地"躺"在平静的水面上。通过将水平线放在画面中央，很好地表现出了这一刻的静谧

垂直线——高大、灵活的构图

　　垂直线构图即通过构图手法使主体景物在画面中呈现为一条或多条垂直线。和水平线构图一样，垂直线构图也是一种基本的构图方式，画面在垂直方向有延伸感，给人高大、耸立和生长感，象征着庄严与希望。

　　如果画面中的对象不宜顶天立地贯通画面，应在构图上使其上端或下端留有一定的空间，否则会有堵塞感。

○ 用垂直线构图表现树木的高大、挺拔，以及顽强的生命力

曲线——优美、柔和的构图

　　曲线构图即通过调整镜头的焦距和拍摄角度，使所拍摄的景物在画面中呈现为曲线的构图手法，能给人带来一种优美的感觉。其中，典型的是 S 形曲线构图，它能使画面富有变化，引导观赏者的视线随曲线蜿蜒转移，呈现出舒展的视觉效果。

○ 用曲线构图表现河流的蜿蜒曲折之美

斜线——活力无限的构图

　　斜线构图能够表现运动感，使画面在斜线方向上有视觉动势和运动趋向，从而使画面充满强烈的运动速度感。拍摄激烈的赛车或其他速度型比赛时，常用此类构图方式。如果用这种构图方式拍摄茅草，能够体现出轻风拂过的感觉，为画面增加清爽的气息。

○ 用斜线构图表现运动趋势及动感之美

对角线——强调方向的构图

　　对角线构图即在摄影取景范围内，经过拍摄者的选择和提炼，使主体景物呈现出明显的对角线线条。采用这种构图方式拍摄的照片，能够引导观赏者的视线随着线条的指向移动，从而使画面产生一定的运动感、延伸感。

○ 用对角线构图将观赏者的思绪延伸到画面之外

放射线——发散式构图

使用放射线构图拍摄，一般需要对风景进行仔细观察才能找到符合要求的放射线。使用此种构图方式拍摄的照片具有舒展的开放性和力量感。例如，阳光透过云层向下照射就会给人一种梦幻而神圣的感觉。

○ 用放射线构图展现树林不断汇聚至一点的形式美感

对称——相互呼应的构图

对称构图是一种比较传统的构图方式，在构图时使画面中的元素上下对称或左右对称。这种构图方式能使画面给人严肃、庄重的感觉，同时在对比中能更好地突出主体，但偶尔会略显呆板、不生动。

○ 用对称构图表现山脉的严肃与庄重感

框架——更好地突出主体

框架构图是指充分利用前景物体作为框架进行拍摄，框架可以是任何形状。这种构图方式能使画面中景物的层次更丰富，加强画面的空间感，并能更好地突出主体，以强调画面的视觉中心点。

在具体拍摄时，可以考虑用窗、门、树枝、阴影、手等为画面制作"框架"。

○ 用框架构图将观赏者的视线吸引至画面主体上，并营造良好的空间层次感

透视牵引——增强空间感的构图

透视牵引构图能使观赏者的视线聚集在整个画面中的某个点或某条线上，形成一个视觉中心。和放射线构图不同的是，它没有一定的规律可循。采用透视牵引构图的照片对观者的视线具有引导作用，而且增强了整个画面的空间感。这种构图方式常用于拍摄桥梁或笔直的道路，使画面具有很强的纵深感，同时增强画面尽头的神秘感和未知感。

○ 用透视牵引构图引导观赏者的视线，并突出画面的纵深感

散点——随意自然的构图

散点构图以分散的点状形象来构成画面，就像一些珍珠散落在银盘里，使整个画面中的景物既有聚又有散，既存在不同的形态，又统一于照片的背景中。

散点构图常见于以俯视角度表现地面上的牛、羊、马群，或者草地上星罗棋布的花朵。

○ 用散点构图让画面看起来轻松、随意，疏密有致又不失美感

紧凑——突出主体的构图

紧凑构图是指主体在整个画面中占据绝大部分面积，可以被更好地突出出来，给人留下深刻的印象。此种构图方式多用于拍摄人像特写或微距题材。

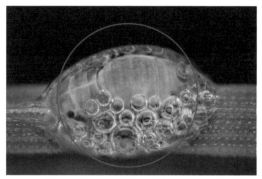

○ 用紧凑构图让画面中的昆虫纤毫毕现，产生了强烈的冲击力

正三角形——稳重且有力度

正三角形构图能营造稳定的安全感，使画面呈现出一种向上的延伸感。同时，正三角形构图易使画面产生呆滞感，所以拍摄者要充分发挥创造力，寻找兴趣点。

○ 用正三角形构图表现山脉的庄重与稳定

倒三角形——不稳定的动态感

倒三角形构图相对较为新颖，相比正三角形构图，倒三角形构图给人的感觉是稳定感不足，但更能体现出一种不稳定的张力，以及一种视觉和心理上的压迫感。

○ 用倒三角形构图表现皇家建筑的压迫感，并且使画面产生较强的张力

光的属性

直射光

光源直接照射到被摄体上，使被摄体受光面明亮、背光面阴暗，这种光线就是直射光。

在直射光照射下，对象会产生明显的亮面、暗面与投影，所以会表现出强烈的明暗对比。以直射光照射被摄对象，有利于表现被摄体的结构和质感，因此是建筑摄影、风光摄影的常用光线之一。

24mm F18 1/640s ISO100

〇 在直射光下拍摄的风光，明暗反差对比强烈，线条硬朗，画面有力量

散射光

散射光是指没有明确照射方向的光，例如阴天、雾天时的天空光，或者添加柔光罩的灯光，水面、墙面、地面反射的光线也是典型的散射光。散射光的特点是照射均匀，被摄体明暗反差小，影调平淡柔和，能较为理想地呈现出细腻且丰富的质感和层次，但同时也会带来被摄对象体积感不足的负面影响。

〇 用散射光拍摄的照片色调柔和，明暗反差较小，画面整体效果素雅洁净

200mm F2.8 1/500s ISO200

光的方向

光线的方向在摄影中也被称为光位，指光源位置与拍摄方向所形成的角度。当不同方向的光线投射到同一个物体上时，会形成 6 种在摄影时要重点考虑的光位，即顺光、侧光、前侧光、逆光、侧逆光和顶光。

顺光

顺光也称"正面光"，指光线的投射方向和拍摄方向相同的光线。在这样的光线下，被摄体受光均匀，景物没有大面积的阴影，色彩饱和，能表现丰富的色彩效果。但由于没有明显的明暗反差，因此对层次感和立体感的表现较差。

200mm F4 1/320s ISO100

○ 以顺光拍摄的画面，虽然较好地表现了体积与颜色，但层次感表现一般

侧光

侧光是最常见的一种光线，侧光的投射方向与拍摄方向形成的夹角大于 0° 小于 90°。在侧光下拍摄，被摄体的明暗反差、立体感、色彩还原、影调层次都有较好的表现。其中又以 45° 的侧光最符合人们的视觉习惯，因此是一种最常用的光位。

200mm F16 1/500s ISO100

○ 用侧光拍摄的山峦，可以使山峦看起来更立体，画面的层次感也更强

前侧光

前侧光是指投射的方向和相机的拍摄方向呈 45° 角左右的光线。在前侧光下拍摄的物体会产生部分阴影，明暗反差比较明显，画面看起来富有立体感。因此，这种光位在摄影中比较常见。另外，前侧光可以照亮景物的大部分，在曝光控制上也较容易掌握。

无论是人像摄影、风光摄影，还是建筑摄影等题材，前侧光都有较广泛的应用。

○ 用前侧光拍摄人物，可使其大面积处于光线照射下，从画面中可看出，模特皮肤明亮，五官很有立体感

50mm F11 1/125s ISO100

逆光

逆光也称"背光"，光线照射方向与拍摄方向相反，因其能勾勒出被摄物体的轮廓，因此又被称为轮廓光。在逆光下拍摄需要对所拍摄的对象进行补光，否则画面的立体感和空间感将被压缩，甚至成为剪影照。

○ 在逆光拍摄的画面中，人物呈剪影效果，拍摄这类画面时背景要简洁

200mm F5 1/800s ISO100

侧逆光

通俗地讲，侧逆光就是后侧光，是指光线从被摄对象的后侧方投射而来。采用侧逆光拍摄可以使被摄景物同时产生侧光和逆光的效果。

如果画面中包含的景物比较多，靠近光源方向的景物轮廓就会比较明显，而背向光源方向的景物则会有较深的阴影，这样就会使画面中呈现出明显的明暗反差，产生较强的立体感和空间感，应用在人像摄影中能产生主体与背景分离的效果。

70mm F2.8 1/250s ISO100

○ 当在侧逆光下拍摄人像时，人物被光线照射的头发呈现出发光的效果

顶光

顶光是指照射光线来自于被摄体的上方，与拍摄方向呈90°夹角，是戏剧用光的一种，在摄影中单独使用的情况不多。尤其是在拍摄人像照片时，会在被摄对象的眉弓、鼻底及下颌等处形成明显的阴影，不利于表现被摄人物的美感。

200mm F3.2 1/500s ISO100

○ 在顶光下拍摄花朵，由于明暗差距较大，因此看起来光感强烈，配合大光圈的使用，画面主体突出且明亮、干净

光比的概念与运用

　　光比是指被摄对象受光面亮度与阴影面亮度的比值，是摄影的重要参数之一。光比还指被摄对象相邻部分的亮度之比，或者被摄对象主要部位亮部与暗部之间的反差。光比大，反差就大；光比小，反差就小。

　　光比的大小决定着画面明暗的反差，使画面形成不同的影调和色调。拍摄时巧用光比，可以有效地表现被摄对象"刚"与"柔"的特性。例如，拍摄女性、儿童时常用小光比，拍摄男性、老人时常用大光比。我们可以根据想要表现的画面效果来合理地控制画面的光比。

200mm F4 1/400s ISO100

○ 用大光比塑造人物，通常可以强化人物的性格表现，营造画面氛围，画面中的女孩看起来很时尚

135mm F5.6 1/250s ISO100

○ 光比较小的人像照片能够较好地表现出人物柔美的肤质和细腻的女性气质

第4章
镜头、滤镜及脚架等
附件的使用技巧

佳能微单镜头标识名称解读

通常镜头名称中都包含很多数字和字母，佳能 RF 镜头专用于佳能微单相机，采用了独立的命名体系，各数字和字母都具有特定的含义，熟记这些数字和字母所代表的含义，能很快了解一款镜头的性能。

○ RF 24-105mm F4 L IS USM 镜头

RF 24-105mm F4 L IS USM

❶   ❷   ❸   ❹

❶ RF：代表此镜头适用于EOS 微单相机。

❷ 24-105mm：代表镜头的焦距范围。

❸ F4：表示镜头所拥有的最大光圈。光圈恒定的镜头采用单一数字表示，如RF28-70mm F2 L USM；光圈浮动的镜头会标出光圈的浮动范围，如佳能EF 70-300mm F4-5.6 L IS USM。

❹ L：L为Luxury（奢侈）的缩写，表示此镜头属于高端镜头。此标记仅赋予通过了佳能内部特别标准认证的、具有优良光学性能的高端镜头。

IS：IS是Image Stabilizer（图像稳定器）的缩写，表示镜头内部搭载了光学式手抖动补偿机构。

USM：表示自动对焦机构的驱动装置采用了超声波马达（USM）。USM 将超声波振动转换为旋转动力，从而驱动对焦。

索尼微单镜头标识名称解读

通常镜头名称中会包含很多数字和字母，索尼 FE 镜头专用于索尼全画幅微单机型，采用了独立的命名体系，各数字和字母都有特定的含义，熟记这些数字和字母代表的含义，就能很快了解一款镜头的性能。

○ FE 28-70mm F3.5-5.6 OSS 镜头

FE 28-70mm F3.5-5.6 OSS

❶   ❷   ❸   ❹

❶ FE：代表此镜头适用于索尼全画幅微单相机。

❷ 28-70mm：代表镜头的焦距范围。

❸ F3.5-5.6：代表此镜头在广角端28mm焦距段时可用最大光圈为F3.5，在长焦端70mm焦距段时可用最大光圈为F5.6。

❹ OSS（Optical Steady Shot）：代表此镜头采用光学防抖技术。

> 提示：安装卡口适配器后，可以将A卡口的镜头安装在包括索尼 α 7S Ⅲ在内的微单相机上。

尼康微单镜头标识名称解读

　　镜头名称中通常会包含很多数字和字母，尼康 Z 系列镜头专用于尼康微单相机，其采用了独立的命名体系，各数字和字母都有特定的含义，熟记这些数字和字母代表的含义，就能很快地了解一款镜头的性能。

○ 尼克尔 Z 24-70mm F4 S

Z 24-70mm F4 S
❶　❷　❸ ❹

　❶ Z：代表此镜头适用于Z卡口微单相机。

　❷ 24-70mm：代表镜头的焦距范围。

　❸ F4：表示镜头所拥有最大光圈。光圈恒定的镜头采用单一数值表示，如尼克尔 Z 24-70mm F4 S；浮动光圈的镜头标出光圈的浮动范围，如尼克尔 Z 24-200mm F4-6.3 VR。

　❹ S：是S-Line的缩写，是高质量S型镜头的意思。

认识佳能相机的4种卡口

　　佳能拥有全画幅微单、APS-C画幅微单、全画幅单反与APS-C画幅单反4个产品线，这4个产品线上的相机分别使用RF卡口、RF-S卡口、EF卡口和EF-S卡口。

○ RF 镜头：RF50mm F1.2 L USM

○ RF-S 镜头：RF-S18-150mm F3.5-6.3 IS STM

　　其中，佳能全画幅单反相机使用所有EF系列镜头；佳能APS-C画幅单反相机可以使用EF系列镜头和EF-S系列镜头。全画幅微单相机能够使用RF及RF-S卡口系列镜头，但将RF-S卡口镜头安装在全画幅微单上时，画面会有1.6倍裁切。APS-C画幅微单能够使用RF卡口及RF-S卡口系列镜头。

　　比如，EF 24-70mm F2.8这款镜头为EF镜头，它可以同时在全画幅单反及APS-C画幅单反上使用；RF 50mm F1.2这款RF镜头，能在全画幅及APS-C画幅微单相机上使用。

○ EF 镜头：EF 24-70mm F2.8 L Ⅱ USM

○ EF-S 镜头：EF-S 10-22mm F3.5-4.5 USM

认识尼康相机的3种卡口

尼康微单相机使用了全新的Z卡口。至此，尼康就拥有了数码微单、数码单反与可换镜头数码相机3个产品线，这3个产品线上的相机分别为Z卡口、F卡口和1卡口。

不同卡口的相机需要使用不同卡口的镜头。其中，尼康全画幅单反相机使用 F 卡口中的 AF-S 系列镜头；尼康 DX 画幅单反相机可用 F 卡口中的 AF-S 和 AF-S DX 系列镜头；尼康可换镜头数码相机 1 系列可以使用 1 系列镜头；全画幅微单相机使用 Z 系列镜头，DX 画幅微单相机使用 Z 卡口的 DX 系列镜头。

比如，AF-S 尼克尔 24-70mm F2.8E ED VR 这款镜头可以同时在全画幅单反及 DX 画幅单反相机上使用；AF-S DX 尼克尔 16-85mm F3.5-5.6G ED VR 这款 DX 镜头只能在 DX 画幅相机上使用；尼克尔 Z 24-70mm F4 S 这款镜头只能在全画幅微单相机上使用。

○ Z 卡口镜头：尼克尔 Z 24-70mm F4 S

○ F 卡口镜头：AF-S 尼克尔 24-70mm F2.8E ED VR

○ F 卡口 DX 镜头：AF-S DX 尼克尔 16-85mm F3.5-5.6G ED VR

○ Z 卡口 DX 镜头：尼克尔 Z DX 18-140mm F3.5-6.3 VR

50mm F2 1/640s ISO200

○ 通过 Z 系列镜头获得的画质均比较优秀

认识佳能4款卡口适配器

　　卡口适配器用于在佳能微单相机上连接EF/EF-S系列镜头，可以满足用户扩展镜头使用数量及选择范围的需求。根据不同用户的拍摄需求，共有4款卡口适配器。

　　第一款是标准版卡口适配器，采用全电子卡口，可以对应EF/EF-S镜头的自动对焦、手抖动补偿等功能，且具备防水滴、防尘结构。

　　第二款是控制环卡口适配器，它在标准版卡口适配器的基础上增加了控制环，使得转接EF/EF-S镜头后，可以获得与RF镜头控制环相同的操作感觉。在旋转控制环时还具有定位感及操作动作音，为用户掌握操作量提供了方便。

　　第三款是插入式滤镜卡口适配器（含插入式圆形偏光滤镜），与标准版卡口适配器具有相同的功能，并且支持专用的插入式偏光滤镜，为经常使用偏光滤镜且需要频繁更换不同镜头的用户提供了经济、便捷的解决方案。

　　第四款是插入式滤镜卡口适配器（含插入式可变ND滤镜），可支持专用的插入式可变ND滤镜，适用于经常使用ND滤镜拍摄的用户。

认识尼康的卡口适配器

　　如前所述，尼康微单相机用户只能使用Z卡口镜头，但考虑到很多老用户有不少F卡口镜头，便推出了卡口适配器。

　　将卡口适配器安装在尼康微单相机上以后，就可以使用F卡口的系列镜头了。

　　安装卡口适配器的尼康微单相机，可以转接带有自动曝光的F卡口系列镜头（包括AI镜头在内的近360款），支持93款AF-P/AF-S/AF-I镜头，可使用自动对焦和自动曝光进行拍摄。

　　安装适配器的方法是，将适配器的安装标记和相机上的安装标记对齐后，将其逆时针旋转，直至卡入正确位置并发出咔嗒声。

　　然后将镜头安装标记和卡口适配器上的镜头安装标记对齐，逆时针旋转镜头，直至卡入正确位置并发出咔嗒声。

○ 标准版卡口适配器 EF-EOS R

○ 控制环卡口适配器 EF-EOS R

○ 插入式滤镜卡口适配器 EF-EOS R，带有插入式圆形偏光滤镜

○ 插入式滤镜卡口适配器 EF-EOS R，带有插入式可变 ND 滤镜

○ 卡口适配器 FTZ II

○ 卡口适配器安装示意图

购买镜头合理搭配原则

在选购镜头时，摄影爱好者应该注意各镜头的焦段搭配，尽量避免重合，甚至可以留出一定的"中空"。

比如，佳能"大三元"系列的3支镜头，即RF 15-35mm F2.8 L IS USM、RF24-70mm F2.8 L IS USM、RF 70-200mm F2.8 L IS USM镜头，覆盖了从广角到长焦最常用的焦段，且各镜头之间焦距的衔接紧密，三款镜头的焦段重叠很少，因此浪费也比较少。

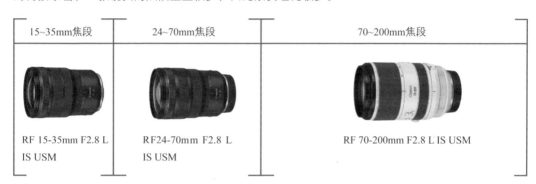

15~35mm焦段	24~70mm焦段	70~200mm焦段
RF 15-35mm F2.8 L IS USM	RF24-70mm F2.8 L IS USM	RF 70-200mm F2.8 L IS USM

70mm F2.8 1/250s ISO200

○ 根据自己的拍摄需要选购合适的镜头，比如拍人像多一点，可以选择 24-70mm 焦段镜头

了解恒定光圈镜头与浮动光圈镜头

恒定光圈镜头

恒定光圈是指在镜头的任何焦段下都拥有相同的光圈。如佳能 RF24-70mm F2.8 L IS USM 在 24 ～ 70mm 之间的任意一个焦距下拥有 F2.8 的大光圈，以保证充足的进光量、更好的虚化效果，所以价格也比较贵。

○ 恒定光圈镜头 RF24-70mm F2.8 L IS USM

浮动光圈镜头

浮动光圈，指光圈会随着焦距的变化而改变，例如佳能 RF24-105mm F4-7.1 IS STM，当焦距为 24mm 时，最大光圈为 F4；而焦距为 105mm 时，其最大光圈就自动变为了 F7.1。浮动光圈镜头的性价比较高是其较大的优势。

○ 浮动光圈镜头 RF24-105mm F4-7.1 IS STM

定焦镜头与变焦镜头的优劣势

在选购镜头时，除了要考虑原厂、副厂、拍摄用途外，还涉及定焦与变焦镜头之间的选择。

如果用一句话来说明定焦与变焦的区别，那就是："定焦取景基本靠走，变焦取景基本靠扭。"由此可见，两者之间最大的区别就是一个焦距固定，另一个焦距不固定。

下面通过表格来了解一下两者间的区别。

定焦镜头	变焦镜头
RF85mm F1.2 L USM	RF-S18-150mm F3.5-6.3 IS STM
恒定大光圈	浮动光圈居多，少数为恒定大光圈
最大光圈可达到 F1.8、F1.4、F1.2	少数镜头最大光圈能达到 F2.8
焦距不可调节，改变景别靠走	可以调节焦距，改变景别不用走
成像质量优异	大部分镜头成像质量不如定焦镜头
除了少数超大光圈镜头，其他定焦镜头售价都低于恒定光圈的变焦镜头	生产成本较高，镜头售价较高

○ 在这组照片中，摄影师只需选好合适的拍摄位置，就可利用变焦镜头拍摄出不同景别的人像作品

大倍率变焦镜头的优势

变焦范围大

大倍率变焦镜头是指那些拥有较大的变焦范围，通常都具有 5 倍、10 倍甚至更高的变焦倍率，例如 RF-S18-150mm F3.5-6.3 IS STM。

价格亲民

这类镜头的价格普遍不高，普通摄影爱好者也能够轻松购买。

在各种环境下都可发挥作用

大倍率变焦镜头的大变焦范围，让用户在各种情况下都可以轻松实现拍摄。比如参加活动时，常常是在拥挤的人群中拍摄，此时可能根本无法动弹，或者在需要抓拍、抢拍时，如果镜头的焦距不合适，则很难拍摄到好的照片。而对焦距范围较大的大倍率变焦镜头来说，则几乎不存在这样的问题，在拍摄时可以通过随意变焦，以各种景别对主体进行拍摄。

又如，在拍摄人像时，可以使用广角或中焦焦距拍摄人物的全身或半身像，在摄影师保持不动的前提下，只需改变镜头的焦距，就可以轻松地拍摄人物的脸部甚至是眼睛的特写。

所以这类镜头又被称为一镜走天下的镜头。

大倍率变焦镜头的劣势

成像质量不佳

由于变焦倍率高、价格低廉等原因，大倍率变焦镜头的成像质量通常都处于中等水平。但如果在使用时避免使用最长与最短焦距，在光圈设置上避免使用最大光圈或最小光圈，则可以有效地改善画质，因为在使用最大和最小光圈拍摄时，成像质量下降、暗角及畸变等问题都会表现得更为明显。

机械性能不佳

大倍率变焦镜头很少采取防潮、防尘设计，尤其是在变焦时，通常会向前伸出一截或两截镜筒，这些位置不可避免地会有间隙，长时间使用难免会进灰，因此，平时应特别注意尽量不要在潮湿、灰尘较大的环境中使用。

另外，对于会伸出镜筒的镜头，在使用一段时间后，也容易出现阻尼不足的问题，即当相机朝下时，镜筒可能会自动滑出。因此在日常使用时，应尽量避免用力、急速地拧动变焦环，以延长阻尼的使用寿命。当镜头提供变焦锁定开关时，还应该在不使用的时候锁上此开关，避免出现自动滑出的情况。

等效焦距的转换

　　摄影爱好者常用的微单相机一般分为两种画幅，一种是全画幅，一种是APS-C画幅。

　　佳能 APS-C 画幅相机的 CMOS 感光元件的尺寸为 22.3mm×14.9mm，索尼 APS-C 画幅相机的 CMOS 感光元件的尺寸为 23.3mm×15.5mm，尼康 DX 画幅相机的 CMOS 感光元件的尺寸为 23.5mm×15.7mm，由于比全画幅的感光元件（36mm×24mm）小，因此，其视角也会变小。但为了与全画幅相机的焦距数值统一，也为了便于描述，一般会通过换算的方式得到一个等效焦距，佳能 APS-C 画幅相机的焦距换算系数为 1.6、索尼 APS-C 画幅和尼康 DX 画幅相机的焦距换算系数为 1.5。

　　因此，如果将焦距为 100mm 的镜头装在全画幅相机上，其焦距仍为 100mm；但如果将其装在佳能 R10 等 APS-C 画幅相机上时，焦距就变为 160mm。

　　用公式表示为：APS-C**等效焦距 = 镜头实际焦距 × 转换系数**（1.6）。

　　学习换算等效焦距的意义在于，摄影爱好者要了解同样一支镜头安装在全画幅相机与 APS-C 画幅相机所带来的不同效果。

　　例如，如果摄影爱好者的相机是 APS-C 画幅，但是想购买一支全画幅定焦镜头用于拍摄人像，那么就要考虑焦距的选择。通常 85mm 左右焦距拍摄出来的人像最为真实、自然。在购买时，不能直接选择 85mm 的定焦镜头，而应该选择 50mm 的定焦镜头，因为其换算焦距后等于 80mm。

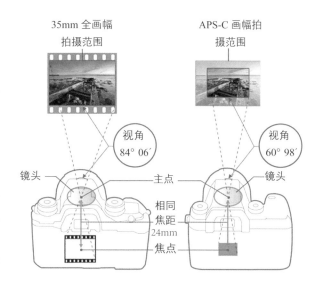

○ 假设此照片是使用全画幅相机拍摄的，那么在相同的情况下，使用 APS-C 画幅相机就只能拍摄到图中红色框中所示的范围

了解焦距对视角、画面效果的影响

焦距对拍摄视角有非常大的影响。例如，使用广角镜头的 14mm 焦距拍摄，其视角能够达到 114°；而如果使用长焦镜头的 200mm 焦距拍摄，其视角只有 12°。不同焦距镜头对应的视角如下图所示。

由于不同焦距镜头的视角不同，因此不同焦距镜头适用的拍摄题材也有所不同。比如，焦距短、视角宽的广角镜头常用于拍摄风光；而焦距长、视角窄的长焦镜头则常用于拍摄体育比赛、鸟类等位于远处的对象。要记住不同焦段镜头的特点，可以从下面这句口诀开始："短焦视角广，长焦压空间，望远景深浅，微距景更短。"

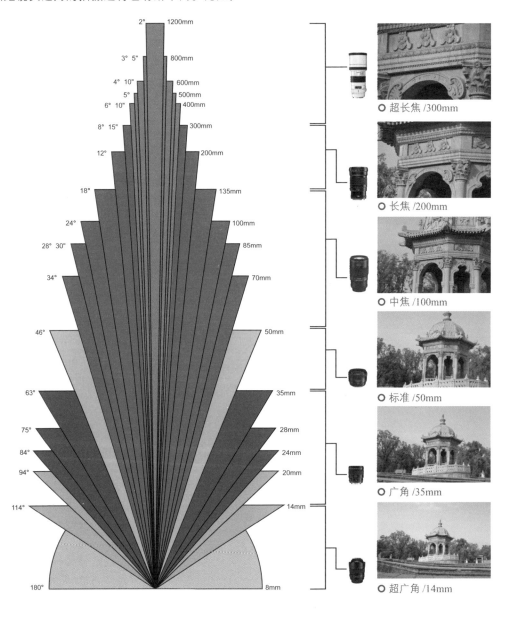

○ 超长焦 /300mm

○ 长焦 /200mm

○ 中焦 /100mm

○ 标准 /50mm

○ 广角 /35mm

○ 超广角 /14mm

滤镜的"方圆"之争

　　摄影初学者在网上商城选购滤镜时，看到滤镜有方形和圆形两种，便不知道该如何选择。通过本节内容，在了解方形滤镜与圆形滤镜的区别后，摄影爱好者便可以根据自身需求做出选择了。

○ 圆形与方形的中灰渐变镜

滤镜		圆形	方形
UV 镜 保护镜 偏振镜		这3种滤镜都是圆形的，不存在方形与圆形的选择问题	—
中灰镜	优点	可以直接安装在镜头上，方便携带及安装遮光罩	不用担心镜头口径问题，在任何镜头上都可以用
	缺点	需要匹配镜头口径，并不能通用于任何镜头	需要安装在滤镜支架上使用，因此不能在镜头上安装遮光罩了；携带不太方便
渐变镜	优点	可以直接安装在镜头上，使用起来比较方便	可以根据构图的需要调整渐变的位置
	缺点	渐变位置是不可调节的，只能拍摄天空约占画面50%的照片	需要买一个支架装在镜头前面才可以把滤镜装上

选择滤镜要对口

　　有些摄影爱好者拍摄风光的机会比较少，在器材投资方面，并没有选购一套滤镜的打算，因此，如果偶然有几天要外出旅游拍一些风光照片，会借用朋友的滤镜，或者在网上租一套滤镜。此时，需要格外注意镜头口径的问题。因为有的滤镜并不能通用于任何镜头，不同的镜头拥有不同的口径。相应地，滤镜也分为各种尺寸。一定要注意了解自己所使用的镜头口径，避免将滤镜拿回去以后过大或过小，而无法安装到镜头上去。

　　例如，RF70-200mm F2.8 L IS USM 镜头的口径为 77mm，RF600mm F4 L IS USM 镜头的口径为 52mm，而 RF24-70mm F2.8 L IS USM 镜头的口径则为 82mm。

　　在选择方形渐变镜时，也需要注意镜头口径的大小。如果当前镜头安装滤镜的尺寸是 82mm，那么可选择方形的镜片，以方便调节。

UV 镜

UV 镜也叫"紫外线滤镜",是滤镜的一种,主要是针对胶片相机设计的,用于防止紫外线对曝光的影响,提高成像质量和影像的清晰度。现在的数码相机已经不存在这种问题了,但其因价格低廉,已成为摄影师用来保护数码相机镜头的工具。因此,强烈建议摄友在购买镜头的同时也购买一款 UV 镜,以更好地保护镜头不受灰尘、手印及油渍的侵扰。

除了购买原厂的 UV 镜,肯高、NISI 及 B+W 等厂商生产的 UV 镜也不错,性价比很高。

○ B+W 77mm XS-PRO MRC UV 镜

保护镜

如前所述,在数码摄影时代,UV 镜的作用主要是保护镜头。开发这种 UV 镜可以兼顾数码相机与胶片相机,但考虑到胶片相机逐步退出了主流民用摄影市场,各大滤镜厂商在开发 UV 镜时已经不再考虑胶片相机。因此,这种 UV 镜演变成了专门用于保护镜头的一种滤镜——保护镜。即这种滤镜的功能只有一个,就是保护昂贵的镜头。

与 UV 镜一样,口径越大的保护镜价格越高,通光性越好的保护镜价格也越高。

○ 肯高保护镜

○ 保护镜不会影响画面的画质,透过它拍摄出来的风景照片层次很细腻,颜色很鲜艳

19mm F22 5s ISO50

偏振镜

如果希望拍摄到具有浓郁色彩的画面、清澈见底的水面，或者想透过玻璃拍好物品等，一个好的偏振镜是必不可少的。

偏振镜也叫偏光镜或 PL 镜，可分为线偏和圆偏两种，主要用于消除或减少物体表面的反光。数码相机应选择有 "CPL" 标志的圆偏振镜，因为在数码微单相机上使用线偏振镜容易影响测光和对焦。

在使用偏振镜时，可以旋转其调节环以选择不同的强度，在取景器中可以看到一些色彩上的变化。同时需要注意的是，偏振镜会阻碍光线的进入，大约相当于减少两挡光圈的进光量，故在使用偏振镜时，需要降低约两挡快门速度，这样才能拍出与未使用偏振镜时相同曝光量的照片。

○ 肯高 67mm C-PL（W）偏振镜

用偏振镜提高色彩饱和度

如果拍摄环境的光线比较杂乱，会对景物的颜色还原产生很大的影响。环境光和天空光在物体上形成的反光，会使景物的颜色看起来不太鲜艳。使用偏振镜进行拍摄，可以消除杂光中的偏振光，减少杂散光对物体颜色还原的影响，从而提高物体色彩的饱和度，使景物的颜色显得更加鲜艳。

○ 在镜头前加装偏振镜进行拍摄，可以改变画面的灰暗色彩，增强色彩的饱和度

用偏振镜压暗蓝天

晴朗天空中的散射光是偏振光，利用偏振镜可以减少偏振光，使蓝天变得更蓝、更暗。加装偏振镜后拍摄的蓝天，比只使用蓝色渐变镜拍摄的蓝天要更加真实。因为使用偏振镜拍摄，既能压暗天空，又不会影响其余景物的色彩还原。

用偏振镜抑制非金属表面的反光

使用偏振镜拍摄的另一个好处就是，可以抑制被摄体表面的反光。在拍摄水面、玻璃表面时，经常会遇到反光的情况，使用偏振镜则可以削弱水面、玻璃及其他非金属物体表面的反光。

○ 随着转动偏振镜，水中显示的倒映物慢慢消失不见

中灰镜

认识中灰镜

中灰镜又称 ND（Neutral Density）镜，是一种不带任何色彩成分的灰色滤镜。当将其安装在镜头前面时，可以减少镜头的进光量，从而降低快门速度。

中灰镜分为不同的级数，如 ND6（也称为 ND0.6）、ND8（0.9）、ND16（1.2）、ND32（1.5）、ND64（1.8）、ND128（2.1）、ND256（2.4）、ND512（2.7）、ND1000（3.0）。

○ 安装了多片中灰镜的相机

不同级数对应不同的阻光挡位。例如，ND6（0.6）可降低 2 挡曝光，ND8（0.9）可降低 3 挡曝光。其他级数对应的曝光降低挡位分别为 ND16（1.2）4 挡、ND32（1.5）5 挡、ND64（1.8）6 挡、ND128（2.1）7 挡、ND256（2.4）8 挡、ND512（2.7）9 挡、ND1000（3.0）10 挡。

常见的中灰镜是 ND8（0.9）、ND64（1.8）、ND1000（3.0），分别对应降低 3 挡、6 挡、10 挡曝光。

16mm F14 5s ISO200

○ 通过使用中灰镜降低快门速度，拍摄出水流连成丝线状的效果

下面用一个小实例来说明中灰镜的具体作用。

我们都知道，使用较低的快门速度可以拍出如丝般的溪流、飞逝的流云效果。但在实际拍摄时，经常遇到的一个难题就是，天气晴朗、光线充足等因素，导致即使使用了最小的光圈、最低的感光度，也仍然无法达到较低的快门速度，更不要说使用更低的快门速度拍出水流如丝般的梦幻效果了。

此时就可以使用中灰镜来减少进光量。例如，在晴朗的天气条件下使用 F16 的光圈拍摄瀑布，得到的快门速度为 1/16s，但使用这样的快门速度拍摄无法使水流产生很好的虚化效果。此时，可以安装 ND4 型号的中灰镜，或者安装两块 ND2 型号的中灰镜，使镜头的进光量减少，从而降低快门速度至 1/4s，即可得到预期的效果。在购买 ND 镜时要关注三个要点：第一是形状，第二是尺寸，第三是材质。

中灰镜的形状

中灰镜有方形与圆形两种。

圆镜属于便携类型，而方镜则更专业。因为方镜在偏色、锐度及成像的处理上远比圆镜要好。使用方镜可以避免在同时使用多块滤镜的时候出现暗角，圆镜在叠加使用多块滤镜的时候容易出现暗角。

此外，一套方镜可以通用于口径在82mm以下的所有镜头，而不同口径的镜头需要不同的圆镜。虽然使用方镜时还需要购买支架，单块的方镜价格也比较高，但如果需要的镜头比较多，算起来还是方镜更为经济实惠。

○ 圆形中灰镜　　　　　　　　　　　　　　○ 方形中灰镜

中灰镜的尺寸

方形中灰镜的尺寸通常为 100mm × 100mm，但如果镜头的口径大于 82mm，对应的中灰镜的尺寸也要大一些，应该使用 150mm × 150mm 甚至尺寸更大的中灰镜。另外，不同尺寸的中灰镜对应的支架型号也不一样，在购买时要特别注意。

	70mm方镜系统	100mm方镜系统	150mm方镜系统
方镜系统			
使用镜头	镜头口径≤58mm	镜头口径≤82mm	镜头口径≤82mm/超广角
支架型号	HS-M1方镜支架系统	HS-V3方镜支架系统 HS-V2方镜支架系统	

中灰镜的材质

现在能够买到的中灰镜有玻璃与树脂两种材质。

玻璃材质的中灰镜在使用寿命上远远高于树脂材质的中灰镜。树脂其实就是一种塑料，通过化学浸泡置换出不同减光效果的挡位。这种材质长时间在户外风吹日晒的环境下，很快就会偏色，如果照片出现严重的偏色，后期很难校正回来。

玻璃材质的中灰镜使用的是镀膜技术，质量过关的玻璃材质的中灰镜使用几年也不会变色。当然，玻璃材质的中灰镜价格也比树脂型中灰镜高。

产品名称	双面光学纳镀膜	树脂渐变方片	玻璃夹膜胶合	ND玻璃胶合	单面光学镀膜 GND
渐变工艺	双面精密抛光 双面光学镀膜	染色	两片透明玻璃 胶合染色树脂方片双面抛光	胶合后抛光	抛光后单面镀膜
材质	H-K9L光学玻璃	CR39树脂	玻璃+CR39树脂	中灰玻璃+ 透明玻璃	单片式透明 玻璃B270
偏色	可忽略	需实测	需实测	可忽略	可忽略
清晰	是	否	—	—	—
双面减反膜	有	无	无	无	无
双面防水膜	有	无	无	无	无
防静电吸尘	强	弱	中等	中等	中等
抗刮伤	强	弱	中等	中等	中等
抗有机溶剂	强	弱	强	强	强
老化和褪色	无	有	可能有	无	无
耐高温	强	弱	中等	中等	强
LOGO掉漆	NO/激光蚀刻	YES/丝印	YES/丝印	YES/丝印	YES/丝印
抗摔性	一般	强	一般	一般	一般

中灰镜的基本使用步骤

在添加中灰镜后，根据减光级数不同，画面亮度会出现一定的变化。此时再进行对焦及曝光参数的调整则会出现诸多问题，所以只有按照一定的步骤进行操作，才能顺利拍摄。

中灰镜的基本使用步骤如下。

（1）使用自动对焦模式进行对焦，在准确合焦后，将对焦模式设为手动对焦。

（2）建议使用光圈优先曝光模式，将ISO设置为100，通过调整光圈来控制景深，并拍摄亮度正常的画面。

（3）将此时的曝光参数（光圈、快门和感光度）记录下来。

（4）将曝光模式设置为M挡，并输入已经记录的在不加中灰镜时可以得到正常画面亮度的曝光参数。

（5）安装中灰镜。

（6）计算安装中灰镜后的快门速度并进行设置。快门速度设置完毕后，即可按下快门进行拍摄。

计算安装中灰镜后的快门速度

在安装中灰镜时，需要对安装它之后的快门速度进行计算，下面介绍计算方法。

（1）自行计算安装中灰镜后的快门速度。

不同型号的中灰镜可以降低不同挡数的光线。如果降低N挡光线，那么曝光量就会减少为$1/2^N$。所以，为了让照片在安装中灰镜之后与安装中灰镜之前能获得相同的曝光，在安装中灰镜之后，其快门速度应延长为未安装时的2^N。

例如，在安装减光镜之前，使画面亮度正常的曝光时间为1/125s，那么在安装ND64（减光6挡）之后，其他曝光参数不变，将快门速度延长为$1/125 \times 2^6 \approx 1/2s$即可。

（2）通过后期处理App计算安装中灰镜后的快门速度。

无论是在苹果手机的App Store中，还是在安卓手机的各大应用市场中，均能搜到多款计算安装中灰镜后所用快门速度的App，此处以Long Exposure Calculator为例介绍计算方法。

（1）打开Long Exposure Calculator App。

（2）在第一栏中选择所用的中灰镜。

（3）在第二栏中选择未安装中灰镜时，让画面亮度正常所用的快门速度。

（4）在最后一栏中则会显示不改变光圈和快门速度的情况下，加装中灰镜后，能让画面亮度正常的快门速度。

O Long Exposure Calculator App

O 快门速度计算界面

中灰渐变镜

在慢门摄影中，当在日出、日落等明暗反差较大的环境下，拍摄慢速水流效果的画面时，如果不安装中灰渐变镜，直接对地面景物进行长时间曝光，按地面景物的亮度进行测光并进行曝光，天空就会失去所有细节。

要解决这个问题，最好的选择就是用中灰渐变镜来平衡天空与地面的亮度。

渐变镜，又被称为 GND（Gradient Neutral Density）镜，是一种一半透光、一半阻光的滤镜，在色彩上也有很多选择，如蓝色和茶色等。在所有的渐变镜中，最常用的是中性灰色的渐变镜。

拍摄时，将中灰渐变镜较暗的一侧安排在画面中天空的部分。深色端有较强的阻光效果，可以减少进入相机的光线，从而保证在相同的曝光时间内，画面上较亮的区域进光量少，与较暗的区域在总体曝光量上趋于相同，使天空层次更丰富，而地面的景观也不至于黑成一团。

中灰渐变镜有圆形与方形两种。圆形中灰渐变镜是直接安装在镜头上的，使用起来比较方便，但由于渐变是不可调节的，因此只能拍摄

天空约占画面50%的照片。与使用方形中灰镜一样，使用方形中灰渐变镜时，也需要买一个支架装在镜头前面，只有这样才可以把滤镜装上。其优点是可以根据构图的需要调整渐变的位置，而且可以根据需要叠加使用多个中灰渐变镜。

○ 不同形状的中灰渐变镜　　　　　○ 安装多片中灰渐变镜的效果

○ 方形中灰渐变镜的安装方式　　　○ 在托架上安装方形中灰渐变镜后的相机

17mm　F16　1.3s　ISO100

○ 1.3s 的长时间曝光使海岸礁石拥有丰富的细节，中灰渐变镜则保证天空不会过曝，并且得到了海面雾化的效果

用三脚架与独脚架保持拍摄的稳定性

脚架类型及各自的特点

在拍摄微距、长时间曝光题材或使用长焦镜头拍摄动物时，脚架是必备的摄影配件之一，使用它可以让相机更为稳定，即使在长时间曝光的情况下，也能够拍摄到清晰的照片。

对比项目		说　明
铝合金	碳素纤维	铝合金脚架较便宜，但较重，不便携带 碳素纤维脚架的档次要比铝合金脚架高，便携性、抗震性、稳定性都很好，但是价格很高
三脚	独脚	三脚架稳定性好，在配合快门线、遥控器的情况下，可实现完全脱机拍摄 独脚架的稳定性要弱于三脚架，在使用时需要摄影师来控制独脚架的稳定性。但由于其体积和重量只有三脚架的1/3，因此携带十分方便
三节	四节	三节脚管的三脚架稳定性高，但略显笨重，携带稍微不便 四节脚管的三脚架能收纳得更短，因此携带更为方便。但是在脚管全部打开时，由于尾端的脚管比较细，稳定性不如三节脚管的三脚架好
三维云台	球形云台	三维云台的承重能力强、构图十分精准，缺点是占用的空间较大，在携带时稍显不便 球形云台体积较小，只要旋转按钮，就可以让相机迅速转到所需要的角度，操作起来十分便利

分散脚架的承重

在海滩、沙漠、雪地拍摄时，由于沙子或雪比较柔软，三脚架的支架会不断陷入其中，即使是质量很好的三脚架，也很难保证拍摄的稳定性。

尽管陷进足够深的地方能有一定的稳定性，但是沙子、雪会覆盖整个支架，容易造成脚架的关节处损坏。

在这种情况下，就需要一些物体来分散三脚架的重量，一些厂家生产了"雪靴"，安装在三脚架上可以防止脚架陷入雪或沙子中。如果没有雪靴，也可以自制三脚架"靴子"，比如平坦的石块、旧碗碟或屋顶的砖瓦都可以。

〇 扁平状的"雪靴"可以防止脚架陷入沙地或雪地

用快门线控制拍摄获得清晰的画面

在拍摄长时间曝光的题材时，如夜景、慢速流水、车流，如果希望获得极为清晰的照片，只有三脚架支撑相机是不够的。因为直接用手按快门按钮拍摄，还是会造成画面模糊。这时，快门线便派上用场了。使用快门线就是为了尽量避免直接按下机身快门按钮时可能产生的震动，以保证拍摄时相机保持稳定，从而获得更清晰的画面。

O RS-80N3 快门线

将快门线与相机连接后，可以半按快门线上的快门按钮进行对焦，完全按下快门进行拍摄。但由于不用触碰机身，因此在拍摄时可以避免相机的抖动。如佳能 R5 可以使用型号为 RS-80N3/TC-80N3 的快门线。

28mm F10 5s ISO400

O 在拍摄慢门题材时，快门线控制相机拍摄可以减少画面模糊的概率

用定时自拍避免相机震动

微单相机都提供有自拍模式，在自拍模式下，摄影师按下快门按钮后，自拍定时指示灯会闪烁并且发出提示声音，然后相机分别于所设定的时间或 2 秒、10 秒（佳能微单相机提供有 2 秒和 10 秒自拍模式）后自动拍摄。

由于在 2 秒自拍模式下，快门会在按下快门 2 秒后，才开始释放并曝光，因此可以将手部动作造成的震动降至最低，从而得到画面清晰的照片。

自拍模式适用于自拍或合影，摄影师可以预先取好景，并设定好对焦，然后按下快门按钮，在 10 秒内跑到自拍处或合影处，摆好姿势等待拍摄便可。

定时自拍还可以在没有三脚架或快门线的情况下，拍摄长时间曝光的题材，如星空、夜景、雾化的水流、车流等题材。

18mm F16 2s ISO100

O 在没有三脚架的情况下想拍雾化的水流照片时，可以将相机的驱动模式设置为 2 秒自拍模式。然后将相机放置在稳定的地方进行拍摄，也可以获得清晰的画面

第5章
拍视频要理解的术语

理解视频分辨率、制式、帧频、码率的含义

理解视频分辨率并进行合理设置

视频分辨率指每一个画面中显示的像素数量，通常以水平像素数量与垂直像素数量的乘积或垂直像素数量表示。视频分辨率越高，画面越精细，画质就越好。

新一代微单相机在视频功能上均有所增强，以佳能 R5 为例，其在视频方面的一大亮点就是支持 8K 视频录制。在 8K 视频录制模式下，用户可以录制最高帧频为 30P、文件无压缩的超高清视频。

需要额外注意的是，若要享受高分辨率带来的精细画质，除了需要设置相机录制高分辨率的视频，还需要观看视频的设备具有该分辨率画面的播放能力。

比如，使用佳能 R5 录制了一段 4K（分辨率为 4096×2160）视频，但观看这段视频的电视、平板或手机只支持全高清（分辨率为 1920×1080）播放，那么呈现出来视频的画质就只能达到全高清，而到不了 4K 的水平。

因此，建议各位在拍摄视频之前先确定输出端的分辨率上限，然后再确定相机视频的分辨率设置，从而避免因为过大的文件对存储和后期等操作造成不必要的负担。

❶ 在**短片记录画质**菜单中选择**短片记录尺寸**选项

❷ 点击带 ⁵⁴ᴷ 图标的选项，然后点击 ⁵⁴ᴷ 图标的选项，然后点击 SET OK 图标确定

❶ 进入**视频拍摄**菜单，点击**画面尺寸/帧频**选项

❷ 点击选择所需的分辨率选项

❶ 在**拍摄菜单**中的第1页**影像质量**中，点击选择**文件格式**选项

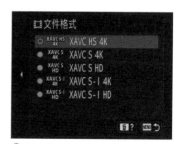

❷ 点击选择所需的选项

设定视频制式

不同国家、地区的电视台播放视频的帧频是有统一规定的，称为电视制式。全球有两种电视制式，分别为北美、日本、韩国、墨西哥等国家使用的 NTSC 制式和中国、欧洲各国、俄罗斯、澳大利亚等国家使用的 PAL 制式。

选择不同的视频制式后，可选择的帧频会有所变化。比如在佳能 R5 相机中，选择 NTSC 制式后，可选择的帧频为 119.9P、59.94P 和 29.97P；选择 PAL 制式后，可选择的帧频为 100P、50P 和 25P。

需要注意的是，只有在所拍视频需要在电视台播放时，才会对视频制式有严格要求。如果只是自己拍摄上传到视频平台，选择任意视频制式均可正常播放。

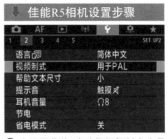

❶ 在**设置菜单2**中选择**视频制式**选项

❷ 选择所需的选项

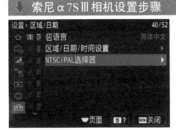

❶ 在**设置菜单**中的第1页**区域/日期**中，点击选择**NTSC/PAL选择器**选项　❷ 点击确定选项

设置视频文件格式

在使用尼康微单相机（如尼康 Z8）录制视频时，根据需要，可以将视频保存为文件尺寸较大，但接近于无损的 MOV 文件，也可以保存为文件尺寸较小，但压缩率较高的 MP4 格式。前者更适合深度后期调色或特效处理，后者更适合直出或简单调色，因此网络上绝大多数视频均为 MP4 格式。

另外，当将视频保存为 MOV 文件时，音频将使用完全无压缩的线性 PCM 格式，当将视频保存为 MP4 文件时，音频用的是有压缩的 AAC 格式。

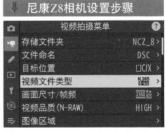

❶ 进入**视频拍摄**菜单，点击**视频文件类型**选项

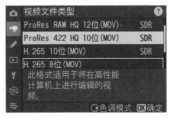

❷点击选择需要的选项

理解帧频并进行合理的设置

无论选择哪种视频制式，均有多种帧频供选择。帧频是指一段视频里每秒展示出来的画面数（fps），在微单相机中以单位 P 表示。例如，一般电影以每秒 24 张画面的速度播放，即一秒钟内在屏幕上连续显示出 24 张静止画面，其帧频为 24P。

很显然，每秒显示的画面数多，视觉动态效果就流畅；反之，如果画面数少，观看时就有卡顿的感觉。因此，在录制景物高速运动的视频时，建议设置较高的帧频，从而尽量让每一个动作都更清晰和流畅；而在录制访谈、会议等视频时，则使用较低的帧频录制即可。

当然，如果录制条件允许，建议以高帧频录制，这样可以在后期处理时拥有更多处理的可能性，比如得到慢镜头效果。比如，在 4K 分辨率下，佳能 R5 相机依然支持 120fps 视频拍摄，可以同时实现高画质与高帧频。

佳能R5相机设置步骤

❶ 在**短片记录画质**菜单中选择**高帧频**选项

❷ 选择**启用**选项，然后点击 SET OK 图标确定

尼康Z8相机设置步骤

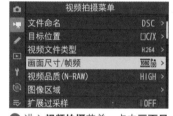  

❶ 进入**视频拍摄**菜单，点击**画面尺寸/帧频**选项

❷ 可以在此选择较低的帧频

❸ 也可以选择较高的帧频

索尼α7SⅢ相机设置步骤

❶ 在**拍摄菜单**中的第1页**影像质量**中，点击选择**动态影像设置**选项

❷ 点击选择**记录帧速率**选项

❸ 点击选择所需的选项

理解码率的含义

码率又称比特率，指每秒传送的比特（bit）数，单位为 bps（Bit Per Second）。码率越高，每秒传送的数据就越多，画质就越清晰，但相应地对存储卡的写入速度要求也更高。

在佳能相机中，虽然无法直接设置码率，却可以对压缩方式进行选择。MJPG、ALL-I、IPB和IPB这4种压缩方式的压缩率逐渐提高，而压制出的视频码率则依次降低。

○ 佳能微单相机可以在"短片记录尺寸"菜单中可以选择不同的压缩方式，以此控制码率

其中，可以得到最高码率的MJPG压缩模式，根据不同的机型，其码率也有差异。比如，佳能R5相机在8K DCI模式下选择RAW压缩模式后，可以得到码率约为2600Mbps的视频。

值得一提的是，如果要录制码率为2600Mbps的8K DCI视频，需要使用CFexpress 1.0或Speed Class 90或更高的SD存储卡，否则无法正常拍摄。

○ 使用写入速度过低的存储卡会停止录制视频

在索尼微单相机中可以通过"记录设置"菜单设置码率，以SONY α7S Ⅲ 相机为例，在 XAVC S-I 4K 分辨率模式下，最高可支持 500Mbps 视频拍摄。

值得一提的是，如果要录制码率为 280Mbps 的视频，需要使用 CFexpress Type A 存储卡（VPG200 或以上）或者 SDXC 卡（V60 或以上）存储卡，否则将无法正常拍摄。而且由于码率过高，视频尺寸也会变大。因此，如果相机以拍摄视频为主，那么在选购存储卡时要尽量购买顶级或次顶级存储卡。

○ 索尼相机"动态影像设置"菜单中，选项的 50M 就代表 50Mbps

在尼康相机中也无法直接设置码率，但可以设置"视频品质（N-RAW）"。右表为尼康Z8微单相机将"视频品质（N-RAW）"菜单设为"高品质"选项时，所录制的NEV和MP4格式视频的平均比特率。

选项	NEV	MP4
（FX）8256×4644；60p	约5780Mbps	
（FX）8256×4644；50p	约4810Mbps	
（FX）8256×4644；30p	约2890Mbps	约56Mbps
（FX）8256×4644；25p	约2410Mbps	
（FX）8256×4644；24p	约2310Mbps	
（FX）4128×2322；120p	约3840Mbps	约120Mbps
（FX）4128×2322；100p	约2900Mbps	
（FX）4128×2322；60p	约1740Mbps	约56Mbps
（FX）4128×2322；50p	约1450Mbps	
（FX）4128×2322；30p	约870Mbps	
（FX）4128×2322；25p	约730Mbps	约28Mbps
（FX）4128×2322；24p	约700Mbps	
（DX）5392×3032；60p	约2960Mbps	约56Mbps
（DX）5392×3032；50p	约2470Mbps	
（DX）5392×3032；30p	约1480Mbps	
（DX）5392×3032；25p	约1240Mbps	约28Mbps
（DX）5392×3032；24p	约1190Mbps	
（2.3×）3840×2160；120p	约3020Mbps	约120Mbps
（2.3×）3840×2160；100p	约2510Mbps	

理解色深并明白其意义

作为一个色彩的专有名词，色深在拍摄照片、录制视频，以及买显示器的时候都会接触到，比如8bit、10bit、12bit等。这个参数其实表示记录或显示的照片或视频的颜色数量。如何理解这个参数？理解这个参数又有什么意义？下文将进行详细讲解。

❶ 在**拍摄菜单3**中选择**Canon Log设置**选项

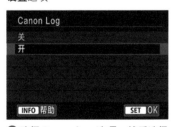

❷ 选择**Canon Log**选项，然后选择**开**选项，最后点击[SET OK]图标确定

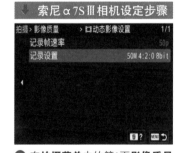

❶ 在**拍摄菜单**中的第1页**影像质量**中，点击选择**动态影像设置**选项，在此界面中选择**记录设置**选项

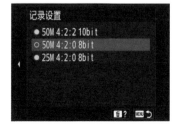

❷ 点击选择所需的选项

理解色深的含义

1.理解色深要先理解RGB

在理解色深之前，先要理解RGB。RGB即三原色，分别为红（R）、绿（G）、蓝（B）。我们现在从显示器或电视上看到的任何一种色彩，都是通过红、绿、蓝这三种色彩进行混合得到的。

但在混合过程中，当红、绿、蓝这三种色彩的深浅不同时，得到的色彩肯定也是不同的。

比如，面前有一个调色盘，里面先放上绿色的颜料，当分别混合深一点的红色和浅一点的红色时，得到的色彩肯定是不同的。那么，当手中有十种不同深浅的红色和一种绿色时，就能调配出十种色彩。所以颜色的深浅就与呈现的色彩数量产生了关系。

2.理解灰阶

上文所说的色彩的深浅，用专业的说法，就是灰阶。不同的灰阶是以亮度作为区分的，比如右图所示的就是16个灰阶。

而当颜色也具有不同的亮度时，也就是具有不同灰阶的时候，表现出来的其实就是深浅不同的色彩，如右图所示。

3.理解色深

色深的单位是bit，1bit代表具有两个灰阶，也就是一种颜色具有两种不同的深浅；2bit代表具有四个灰阶，也就是一种颜色具有四种不同的深浅色；3bit代表8种……

所以N bit就代表一种颜色包含2^n种不同深浅的颜色。

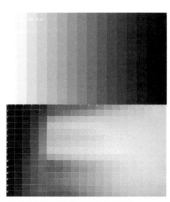

○ 灰阶及不同颜色的灰度图

那么所谓的色深为8bit，就可以理解为有2^8，也就是256种深浅不同的红色、256种深浅不同的绿色和256种深浅不同的蓝色。

这些颜色能混合出$256×256×256=16777216$种色彩。

	R	G	B	色彩数量
8bit	256	256	256	1677 万
10bit	1024	1024	1024	10.7 亿
12bit	4096	4096	4096	680 亿

理解色深的意义

1.在后期处理中设置高色深值

即便视频或图片最后需要保存为低色深文件，但既然高色深代表着数量更多、更细腻的色彩，那么在进行后期处理时，为了对画面色彩进行更精细的调整，建议将色深设置为较高值，然后在最终保存时再降低色深。

这种操作方法的优势有两点，一是可以最大化利用佳能相机录制丰富的色彩细节；二是在后期对色彩进行处理时，可以得到更细腻的色彩过渡。

建议各位在后期处理时将色彩空间设置为ProPhoto RGB，将色彩深度设置为16位/通道。在导出时保存为色深8位/通道的图片或视频，以尽可能得到更高画质的图像或视频。

O 在后期处理软件中设置较高的色深（色彩深度）和色彩空间

2.有目的地搭建视频录制与显示平台

介绍色深的相关知识主要是让大家知道从图像采集到解码，再到显示，只有均达到同一色深标准才能够真正体会到高色深带来的细腻色彩。

目前，大部分微单相机都支持 8bit 色深采集。但个别机型，比如 EOS R5，已经支持机内录制 10bit 色深视频；如尼康 Z8 相机，已经支持机内录制 12bit 色深视频。而索尼 α7S Ⅲ 相机也支持机内录制 10bit 色深视频制，并且支持通过 HDMI Type-A 连接线将最高 4K 60p 16bit RAW 视频输出到外录设备。

那么以使用尼康 Z8 为例，在进行 12bit 色深录制后，为了能够完成更高色深视频的后期处理及显示，就需要提高用来解码的显卡性能，并搭配色深达到 12bit 的显示器，来显示出相机所记录的所有色彩。当从录制到处理再到输出的整个环节均符合 12bit 色深标准后，才能真正享受到色深提升的好处。

O 想体会到高色深的优势，就要搭建符合高色深要求的录制、处理和显示平台

理解色度采样

相信各位一定在视频录制参数中看到过"采样422""采样420"等描述，那么这里的"采样422"和"采样420"到底是什么意思呢？

1.认识YUV格式

事实上，无论是 420 还是 422 均为色度采样的简写，其正常写法应该是 YUV4：2：0 和 YUV4：2：2。YUV 格式，也被称为 YCbCr，是为了替代 RGB 格式而存在的，其目的在于兼容黑白电视和彩色电视。因为 Y 表示亮度， U 和 V 表示色差。这样当黑白电视使用该信号时，则只读取 Y 数值，也就是亮度数值；而当彩色电视接收到 YUV 信号时，则可以将其转换为 RGB 信号，再显示颜色。

2.理解色度采样数值

接下来介绍 YUV 格式中 3 个数字的含义。

通俗地讲，第一个数字 4，即代表亮度采样的像素数量；第二个数字代表了第一行进行色度采样的像素数量；第三个数字代表了第二行进行色度采样的像素数量。

这样算下来，在同一个画面中，422 的采样就比 444 的采样少了 50% 的色度信息，而 420 与 422 相比，又少了 50% 的色度信息。那么，有些摄友可能会问："为什么不能让所有视频均录制 4：4：4 色度采样呢？"

主要是因为人们经过研究发现，人眼对明暗比对色彩更敏感，所以在保证色彩正常显示的前提下，不需要每一个像素均进行色度采样，从而降低信息存储的压力。

因此在通常情况下，用 420 拍摄也能获得不错的画面，但是在二级调色和抠像的时候，因为许多像素没有自己的色度值，所以后期处理的空间就相对较小了。

通过降低色度采样来减少存储压力，或者降低发送视频信号带宽，对于降低视频输出的成本是有利的，但较少的色彩信息对于视频后期处理来说是不利的。因此在选择视频录制设备时，应尽量选择色度采样数值较高的设备。比如，佳能 R5 的色度采样为 YUV4：2：2，而 EOS R 则为 YUV4：2：0，但 EOS R 可以通过监视器将色度采样提升为 YUV4：2：2。

○ YUV4：4：4 色度采样示例图

○ YUV4：2：2 色度采样示例图

○ 左图为 YUV4：2：2 色度采样，右图为 YUV4：2：0 色度采样。在色彩显示上能看出些许差异

佳能微单相机通过Canon Log保留更多画面细节

当在明暗反差比较大的环境中录制视频时，很难同时保证画面中最亮的和最暗的区域都有细节。这时就可以使用Canon Log模式进行录制，从而获取更广的动态范围，最大限度地保留这些细节。

认识 Canon Log

Canon Log通常被简写为Clog，是一种对数伽马曲线。这种曲线可发挥图像感应器的特性，从而保留更多的高光和阴影细节。但使用Canon Log模式拍摄的视频不能直接使用，因为此时画面的色彩饱和度和对比度都很低，整体效果发灰，所以需要通过后期处理来恢复视频画面的正常色彩。

认识 LUT

LUT是Lookup Table（颜色查找表）的缩写，简单理解就是，通过LUT可以将一组RGB值输出为另一组RGB值，从而改变画面的曝光与色彩。

对于使用Canon Log模式拍摄的视频，由于其色彩不正常，所以需要通过后期处理来调整。通常的方法就是套用LUT来实现各种不同的色调。套用LUT也被称为一级调色，主要目的是统一各个视频片段的曝光和色彩，在此基础上可以根据视频的内容及需要营造的氛围进行个性化的二级调色。

Canon Log 的查看帮助功能

虽然套用LUT可以还原画面色彩，但仅限于在视频后期处理阶段。当录制视频时，摄影师在显示屏中看到的仍然是色调偏灰的非正常色彩。

如果希望看到正常的色彩，可以在使用Canon Log模式拍摄时开启查看帮助功能。该功能可以让佳能相机显示还原色彩后的画面，但相机依然是以Canon Log模式记录视频的，所以依然保留了更多的高光及阴影部分的细节。

❶ 在**拍摄菜单3**中选择**Canon Log设置**选项

❷ 选择**Canon Log**选项

○ 左侧为套用 LUT 前的画面

❶ 在**拍摄菜单3**中选择**Canon Log设置**选项，然后选择**查看帮助**选项

❷ 选择**开**或**关**选项

认识索尼微单相机的图片配置文件功能

图片配置文件（Picture Profile）功能是索尼新一代相机与以往所有机型在视频拍摄功能上最重要的区别。在此之前，该功能仅存在于索尼的专业摄影机，比如F35、F55或者FS700这些价格高昂的机型。但如今，即便是索尼的RX100卡片机也拥有了在高端摄像机上才具备的"图片配置文件"功能。

图片配置文件功能的作用

简单而言，图片配置文件的作用在于使拍摄者在前期拍摄时可以对视频的层次、色彩和细节进行精确的调整。从而在不经过后期的情况下，依然能够获得预期拍摄效果的视频。

而对于擅长视频后期处理的拍摄者而言，也有部分设置，可以获得更高的后期宽容度，使其在对视频进行深度后期处理时，不容易出现画质降低、色彩断层等情况。

需要强调的是，图片配置文件功能需要在关闭"动态范围优化"功能的情况下才会起作用。但不必担心，因为只要合理设置图片配置文件的各个参数，不仅"动态范围优化"功能开启后的效果可以实现，还可以完美复制佳能、徕卡、富士胶片等各品牌相机的色调感觉，具有超高的自由度。

图片配置文件功能中包含的参数

图片配置文件功能共包含9大参数，分别为控制图像层次所用的黑色等级、伽马、黑伽马、膝点；以及调整画面色彩所用的色彩模式、饱和度、色彩相位和色彩浓度；还有控制图像细节的详细信息。

但当进入图片配置文件功能的下一级菜单后，相机中并不会显示这9个参数，而是出现PP1~PP11这11个选项。事实上，每一种"PP"选项，都代表一种图片配置文件，而每一个图片配置文件，都是由以上介绍的9个参数组合而成。

因此，选择一种图片配置文件后，点击索尼相机"右键"即可对其9种参数进行设置。同时也意味着，PP1~PP11其实类似于"预设"。而预设中的各个选项，都是可以随意设置的。

因此，当图片配置文件中的参数设置相同时，即便使用不同的PP值，其对画面产生的影响也是相同的。

索尼 α7SⅢ 相机设置步骤

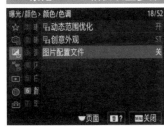  

❶ 在**曝光/颜色菜单**中的第6页**颜色/色调**中，点击选择**图片配置文件**选项

❷ 在左侧列表上下滑动选择所需的选项，然后点击▶图标进入详细设置界面

❸ 点击选择要修改的选项

利用其他功能辅助图片配置文件功能

在以增加后期宽容度以及画面细节量为前提使用图片配置文件功能时，为了让摄影师能够更直观地判断画面中亮部与暗部的亮度，并预览到色彩还原后的效果，需要开启两个功能并选择合适的界面信息显示。

开启斑马线功能

斑马线功能可以通过线条，让拍摄者轻松判断目前高光区域的亮度。比如将斑马线设置为105，则当画面中亮部有线条出现时，则证明该区域过曝了，非常直观。而为了尽可能减少画面噪点，建议各位在亮部不出现斑马线的情况下，尽量增加曝光补偿。

❶ 在**曝光/颜色菜单**中的第7页**斑马线显示**中，点击选择**斑马线显示**选项

❷ 点击选择**开**或**关**选项，然后点击 **OK** 图标确定

开启伽马显示辅助功能

伽马显示辅助功能在图片配置文件功能中选择了 S-Log 曲线、HLG 曲线时可以使用。因为在选择了 S-log、HLG 之后，其目的是为后期提供更大的空间。因此直出的视频画面对比度非常低，甚至会干扰到拍摄者对画面内容的判断。此时开启伽马显示辅助功能后，则可以将其色彩进行一定程度的还原，从而让拍摄者更容易把握视频的整体效果。

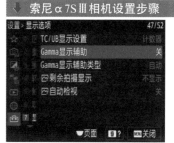

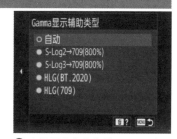

❶ 在**设置菜单**中的第7页**显示选项**中，点击选择**Camma显示辅助**选项，然后在界面中选择**开**选项

❷ 在**设置菜单**中的第7页**显示选项**中，点击选择**Camma显示辅助类型**选项，然后在界面中选择所需类型选项

让拍摄界面显示直方图

虽然利用斑马线可以直观看出高光部分是否有细节，但对于画面影调的整体把握，直方图依然必不可少，可以通过观看直方图，观察画面暗部和亮部是否有溢出的情况，从而及时调整曝光量，实现画面亮度的精确控制。

○ 显示直方图效果

理解索尼相机图片配置功能的核心——伽马曲线

图片配置功能的核心其实就是伽马曲线，各个厂商正是基于这种曲线原理，开发出了能够使摄影机模拟人眼功能的视频拍摄功能，这种功能在佳能相机中被称为 C-Log，索尼称其为 S-Log，其原理基本上是相同的，下面简要讲解伽马曲线的原理。

在摄影领域伽马曲线用于在光线不变的情况下，改变相机的曝光输出方式，目的是模拟人眼对光线的反应，最终使应用了伽马曲线的相机，在明暗反差较大的环境下，拍摄出类似于人眼观看效果的照片或视频。

这种技术最初被应用于高端摄影机上，近年来逐渐在家用级别的相机上开始广泛应用，从而使视频爱好者即便不使用昂贵的高端摄影机也能够拍摄出媲美专业人士的视频。

在没有使用伽马曲线之前，相机对光线的曝光输出反应是线性的，比如输入的亮度为72，那么输出的亮度也是 72，如下图所示。所以当输入的亮度超出相机的动态感光范围时，相机只能拍出纯黑色或纯白色画面。

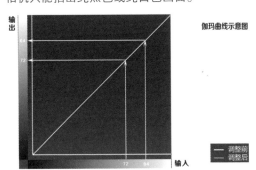

人眼对光线的反应则是非线性的，即便场景本身很暗，但人眼也可以看到偏暗一些的细节，当一个场景同时存在较亮或较暗区域时，人眼能够同时看到暗部与亮部的细节。因此，如果用数字公式来模拟人眼对光线的感知模型，则会形成一条曲线，如下图所示。

从这条曲线可以看出来，人眼对暗部的光线强度变化更加敏感，相同幅度的光线强度变化，在高亮时引起的视觉感知变化要更小。

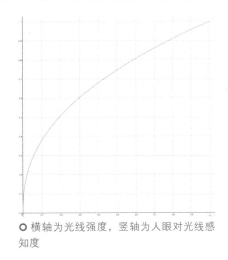

○ 横轴为光线强度，竖轴为人眼对光线感知度

根据人眼的生理特性，各个厂商开发出来的伽马曲线类似于下图所示，从这个图上可以看出来，当输入的亮度为20时，输出亮度为35，这模拟了人眼对暗部感知较为明显的特点。而对于较亮的区域而言，则适当压低其亮度，并在亮部区域的曲线斜率降低，压缩亮部的"层次"，以模拟人眼对高亮区域感知变化较小的生理现象，因此，输入分别为72和84的亮度时，其亮度被压缩在82~92的区间。

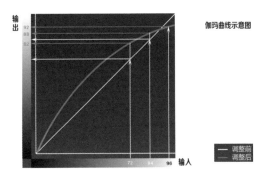

利用图片配置文件功能调整图像层次

在这一节中，先来学习与调整图像层次有关的4个参数，分别为伽马、黑色等级、黑伽马以及膝点。

认识伽马

"伽马（Gamma）"表示图像输入亮度与输出亮度关系的曲线，也被称为伽马曲线。而之所以需要这样一条曲线，是因为相机对光线的反应是线性的，比如输入的亮度为72，那么输出的亮度也是72。

不同伽马对图像层次的影响

当图片配置文件功能中所设置的伽马不同时，图像效果也会出现一定变化。笔者对同样的场景以不同的伽马进行拍摄，让各位对"伽马"形成的效果有一个直观的认识，再对不同伽马的特点进行讲解。

Movie伽马曲线

Movie伽马曲线是视频模式使用的标准伽马，可以让视频图像呈现胶片风格。因此，使用该曲线的主要目的在于营造质感，而无法提供更广的动态范围。适合希望直接通过前期拍摄就获得理想效果时使用。

Still伽马曲线

Still伽马曲线可以模拟出单反相机拍摄静态照片的画面效果，使视频具有较高的对比度和浓郁的色彩。该伽马曲线通常用来拍摄音乐类视频以及各种聚会、活动或其他一些需要色彩十分鲜明的场景。

S-Cinetone伽马曲线

S-Cinetone伽马曲线可以模拟出电影画面般的色调层次与色彩表现力，可以使拍摄画面有更加柔和的色彩，适合拍摄人像。

❶ 在**图片配置文件**菜单的任意一个预设中选择**伽马**选项

❷ 点击选择所需的伽马曲线

Cine1伽马曲线

索尼相机提供了4条Cine伽马曲线，Cine1为其中之一。

所有的Cine曲线都可以实现更广的动态范围，以应对明暗对比较大的环境。而Cine1具有所有Cine伽马曲线中最大的动态范围，非常适合在户外大光比环境下拍摄。

而较高的动态范围则意味着画面对比度较低，所以色彩以及画面质感会有一定缺失，其拍摄效果如右图所示。因此笔者建议在使用Cine1进行拍摄后，在不影响细节表现的情况下，通过后期适当提高对比度并进行色彩调整，从而使视频效果达到更优状态。

Cine2伽马曲线

Cine2与Cine1的区别在于对亮部范围进行了压缩。即对于画面中过亮的区域均显示为灰白色。乍一看，这样会减少画面中的细节，但事实上，在电视上播出时，其亮部细节原本就会被压缩。因此，该伽马曲线非常适合电视直播时使用，可以在不需要后期的情况下直接转播出去。

Cine3/Cine4伽马曲线

与Cine1相比，Cine3更加强化了亮度和暗部的反差，并且增强黑色的层次，所以Cine3可以拍出对比度相对更高的画面。而与Cine3相比，Cine4则加强了暗部的对比度，也就是说其暗部层次会更加突出，从而更适合拍摄偏暗场景。

正因为Cine1这条伽马曲线在动态范围和对比度以及色彩的取舍中处于相对平衡的状态，所以笔者在户外拍摄时经常会使用该伽马曲线。

ITU709/ITU709（800%）伽马曲线

ITU709伽马曲线是高清电视机的标准伽马曲线，所以其具有自然的对比以及自然的色彩。

而还有一种ITU709（800%）伽马曲线，其与ITU709相比具有更广的动态范围，所以画面中的高光会受到明显的抑制。当使用ITU709无法获得细节丰富的高光区域时，建议使用ITU709（800%）来获得更多的高光细节。

S-Log2/3伽马曲线

S-Log2具有所有伽马中最广的动态范围，即便拍摄场景的明暗对比非常强烈，在使用S-Log2伽马拍摄时，其画面的对比度也会比较低，几乎是灰茫茫的一片。因此在拍摄时，建议开启"伽马显示辅助"从而对画面内容有正确的判断；而在拍摄后，则需要经过深度后期处理，还原画面应有的对比度和色彩。

由于其超大的动态范围，为后期提供了很好的宽容度。因此S-Log2通常用于拍摄大光比环境，并需要进行深度后期的视频。或者说，只有当准备对该视频进行深度后期时，才适合使用S-Log2。

S-Log3与S-Log2相比，其特点在于多了胶片色调，依然需要进行后期处理才能获得令人满意的对比及色彩。使用S-Log2与S-Log3拍摄的视频画面如下图所示。

HLG/HLG1/HLG2/HLG3伽马曲线

这4个选项都是用于录制HDR效果视频时使用的伽马曲线，这4个伽马曲线都能录制出阴影和高光部分具有丰富细节、色彩鲜艳的HDR视频，并且无须后期再进行色彩处理，而这也是与S-Log2/3最大的区别。

这4个选项之间的区别则在于动态范围的宽窄和降噪强度。其中HLG1在降噪方面控制得最好，而HLG3的动态范围更宽广，能够获得更多细节，但降噪稍差。

HLG系列伽马曲线适合拍摄具有一定明暗对比的场景，并且不希望进行深度后期的视频。HLG伽马曲线所拍视频效果如下图所示。

关于S-Log的常见误区及正确使用方法

在所有伽马曲线中，被提到最多的就是S-Log伽马曲线了。这是因为，该曲线被很多职业摄影师所使用，再加上能够最大限度保留画面中亮部与暗部的细节，所以即便是视频拍摄的初学者都对其略知一二。也正是因此，很多视频拍摄新手对S-Log在认知上存在一些误区，并且不了解其正确的使用方法。

误区1：使用S-Log拍摄的视频才值得后期

使用S-Log录制的视频确实具有更大的后期宽容度，但并不意味着只有使用它录制的视频才值得后期。事实上，无论使用哪种伽马，甚至是关闭图片配置文件功能进行拍摄的视频，都可以进行后期制作，只不过在大范围调节画面亮度或者色彩时，画质也许会严重降低。

误区2：使用S-Log拍摄视频才是专业

专业的视频制作者懂得使用合适的伽马来实现预期效果的同时最大限度降低工作量。所以，即便S-Log可以为专业视频制作者提供细节更丰富的画面，但当画面中没有强烈的明暗对比时，S-Log的优势则无从体现，而其缺点是，直出视频效果非常差，这样会白白增加拍摄者的工作量。

因此，只有当出现下图所示的、画面中不是亮部过曝就是暗部死黑的情况时，才适合选择S-Log进行拍摄。

○ 天空亮度正常则暗部死黑

○ 暗部有细节则较亮的天空过曝

如果没有一定的后期技术，即便拍出了细节丰富的S-Log画面，也无法最终得到效果优秀的视频。因此，笔者建议各位没有扎实后期基础的摄友，在遇到明暗对比强烈的场景时使用HLG伽马曲线，利用HDR效果实现高光与阴影的丰富细节，并且具有鲜明的色彩。即便不做后期，也能获得出色的视频图像，更适合视频拍摄新手使用。

S-Log的正确使用方法

如果使用 S-Log 的方法不正确，会导致后期调整视频时发现暗部出现大量噪点。为了避免此种情况出现，建议各位打开斑马线功能，设置到 105，然后监看画面直方图并进行曝光补偿。当直方图上高光不溢出，并且斑马线不出现的情况下，尽量增加曝光补偿。使用该流程拍摄得到的视频，在进行色彩还原后，噪点问题得到了很大的改善。

索尼α7SⅢ相机设置步骤

❶ 在**曝光/颜色菜单**中的第7页**斑马线显示**中，点击选择**斑马线显示**选项

❷ 点击选择**开**选项，然后点击█图标确定

❸ 将**斑马线水平**设定为**100+**选项

黑色等级对图像效果的影响

黑色等级是专门对视频中暗部区域进行调整、控制的参数。黑色等级数值越大，画面中的暗部就会呈现更多细节。当继续提高黑色等级时，画面暗部可能会发灰，像蒙上了一层雾。可以这样理解，当黑色等级数值越大时，画面暗部就会相对变亮。

相反，当黑色等级数值越小时，画面中的暗部就会更暗，导致对比度有所提升，图像更显通透，并且画面色彩也会更加浓郁。笔者对同一场景分别设置不同的黑色等级进行视频录制，可以看到画面中作为暗部的桥洞，其层次感出现了明显区别。

索尼α7SⅢ相机设置步骤

❶ 在**图片配置文件**菜单的任意一个预设中选择**黑色等级**选项

❷ 点击选择所需数值

黑伽马对图像效果的影响

黑伽马与黑色等级的相似之处在于，均是对画面中的暗部进行调整，但其区别则在于，黑伽马的控制更为精确，也更为自然。因为一提到"伽马"，各位就会在脑海中出现一根伽马曲线。其实"黑伽马"是只针对暗部的伽马曲线进行调整的一个参数。

所以，当选定一种伽马曲线后，如果对其暗部的层次不满意，则可以通过"黑伽马"选项进行有针对性的修改。

在黑伽马选项中可调节两个参数，分别为"范围"和"等级"。

所谓"范围"，即可通过窄、中、宽3个选项来控制调节黑伽马等级时，受影响的暗部范围。如下图所示，当范围选择为"窄"时，那么调节黑伽马等级将只对画面中很暗的区域产生影响。为了便于理解，这里赋予特定的数值为14，也就是只对亮度小于等于14的画面区域产生亮度影响。

○ 黑伽马"范围"选项

○ 黑伽马"等级"选项

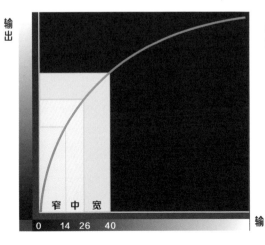

黑伽马"范围"
区域示例图

那么当设置的"范围"越大时，受影响的亮度区间就越大，从而使黑伽马等级对画面中更大的区域产生影响。

仔细观察下方的对比图可以发现，当增加相同的"等级"后，范围越大的画面，其被"提亮"的区域就越大。比如"宽"范围画面中，桥洞顶部红圈内的区域，就要比"窄"范围画面中的相同位置更亮一些。

这里的"等级"与黑色等级的作用非常相似。但需要注意的是，降低黑伽马等级会使伽马曲线的输出变低，如右图所示，因此画面中的阴影区域会有被"压暗"的效果。而当等级提高时，由于曲线"上升"了，输出会变高，因此阴影区域会变得亮一些。

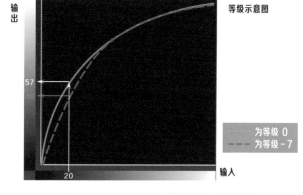

笔者对同一场景设置了同一范围下使用不同"等级"进行拍摄，其对比图如右下图所示，可以明显看到，随着"等级"降低，画面中的暗部细节也在逐渐增加。

膝点对图像效果的影响

"膝点"是与"黑伽马"相对的选项，通过膝点可以单独对图像中的亮部层次进行调整，而对暗部没有影响。

在调整膝点时，同样需要对两个参数进行设置，分别为"点"和"斜率"。与黑伽马相似，膝点同样是对伽马曲线进行调整，只不过其调整的是高亮度区域。因此，为了更容易理解点和斜率这两个参数，依然要通过伽马曲线进行讲解。

首先理解"斜率"这一参数，当斜率为正值时，曲线将会被向上"拉起"，如下图所示，从而令高光区域变得更亮，层次也就相对减少；而当斜率为负值时，在高光区域的曲线将会被"拉低"，导致亮度被压暗，从而令高光层次更丰富。

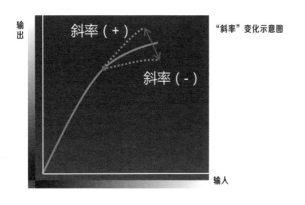

"斜率"变化示意图

而所谓"点"，则是确定从曲线的哪个位置开始改变原本伽马曲线的斜率。即点确定的就是受影响亮部区域的范围。如下图所示，当设置点为 75% 时，由于数值较小，所以点在曲线上的位置就比较低，那么受斜率影响的亮部区域就会更大；而当设置点为 85% 时，其数值比 75% 大，所以在曲线中的位置就偏上，导致受斜率影响的亮部区域变小。

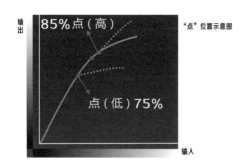

"点"位置示意图

索尼 α7S III 相机设置步骤

❶ 在**图片配置文件**菜单的任意一个预设中选择**膝点**选项

❷ 点击选择**手动预定**选项

❸ 在手动设定界面可以对**点**和**斜率**选项进行设置

在概念上理解了点与斜率后，再来观察膝点对实拍画面的影响就很轻松。下图是笔者对同一场景，在设置了相同点，以及不同的斜率来改变高光区域亮度的呈现。可以明显发现，当斜率数值越大时，画面中的高光区域（云层）就越亮；而当斜率数值越小时，画面中的高光区域就越灰暗。

如果膝点位置的改变所覆盖的亮度范围在图像中的元素相对较少，那么就不容易发现画面的变化。比如下图依旧是对同一场景进行拍摄，当笔者设置斜率为相同数值，仅改变不同的点时，随着数值增大，画面并没有明显区别就是因为上文所述的原因。

但如果仔细观察"点75"和"点95"红圈内区域的亮度，可以发现，前者确实比后者要更亮一点。这就说明，红圈内高光部分被"点75"所影响的范围覆盖，而却没有被"点95"所影响的区域覆盖。这也从侧面说明，通过膝点可以精确控制画面中亮部的细节与层次。

利用图片配置文件功能调整图像色彩

通过图片配置文件功能中的色彩模式、饱和度、色彩相位以及色彩浓度这4个选项即可对图像色彩进行调整。除色彩浓度可以对画面中局部色彩进行调整之外，其余3个选项均为对整体色彩进行调整。

❶ 在**图片配置文件**菜单的任意一个预设中选择**色彩模式**选项

通过色彩模式确定基本色调

所谓色彩模式，各位可以将其通俗地理解为滤镜，也就是可以让视频画面快速获得更有质感、更唯美的色调。

通过右图中色彩模式的菜单会发现，其名称与伽马基本相同。事实上，如果选择与伽马相匹配的色彩模式，那么画面色彩的还原度会更高，也是笔者建议的设置方式。

如果希望强调个性，调出与众不同的色彩，将伽马与不同的色彩模式组合使用也完全可行。

❷ 点击可以选择所需色彩模式

不同色彩模式的色调特点

由于将色彩模式与伽马进行随意组合可形成的色调数量太多，所以此处仅向各位介绍当伽马与相对应的色彩模式匹配使用时的色调特点。

Movie色彩模式

当使用 Movie 伽马曲线时，将色彩模式同样设定为 Movie，可以呈现出浓郁的胶片色调。并且从右侧实拍效果图中可发现，不同区域的色彩也得到了充分还原，并且给观者以鲜明的色彩感受。

Still色彩模式

同样地，Still 色彩模式与 Still 伽马曲线是彼此匹配的，从而更完整地还原出单反拍摄照片时呈现出的色彩效果。使用该种色彩模式与伽马组合时，色彩饱和度会更高，并且红色和蓝色会更加浓郁。

Cinema色彩模式

Cinema色彩模式与Cine系列伽马曲线是相互匹配的。此种色彩模式重在将Cine伽马曲线录制出的画面赋予电影感。在视觉感受上，其饱和度稍低，但对蓝色影响较小，从而实现电影画面效果。

Pro色彩模式

Pro色彩模式与ITU709系列伽马曲线是相匹配的。其重点在于表现出索尼专业摄像机的标准色调。

从右侧实拍图来看，Pro 色彩模式会轻微降低色彩饱和度，导致颜色不鲜明。但色彩更加柔和，给观者带来相对放松的体验，如果再通过后期稍加调整，即可呈现更舒适的色调。

ITU709矩阵色彩模式

ITU709 矩阵色彩模式同样是匹配 ITU709系列伽马曲线使用的。其重点在于当通过HDTV 观看该视频时，会获得更真实的色彩。与 Pro 色彩模式相比，蓝色会显得更加浓郁，色彩更为鲜明。

黑白色彩模式

黑白色彩模式并没有与之匹配的伽马曲线，所以，任何伽马曲线都可以与黑白色彩模式配合使用。并且在使用后，画面的饱和度将被降为 0。

而通过伽马、黑色等级、黑伽马以及膝点4 个选项调整图像层次后，就可以实现不同的黑白图像影调。

S-Gamut色彩模式

S-Gamut 是与 S-Log2 相匹配的色彩模式。应用该组合拍摄的前提是，会对视频进行深度处理。所以虽然 S-Gamut 能够还原部分色彩，但画面依然显得比较灰暗,色彩表现也不突出。但此种色彩模式却充分保留了 S-Log2 伽马丰富的细节和超高的后期宽容度，非常适合通过后期深度调色。

S-Gamut.Cine色彩模式

S-Gamut.Cine是与S-Log3相匹配的色彩模式。当使用此种色彩模式时，画面在保留了S-Log3丰富细节的同时还带有一种电影感，非常适合后期调整为电影效果的图像色彩时使用。

S-Gamut3色彩模式

S-Gamut3 同样是与 S-Log3 相匹配的色彩模式。与 S-Gamut.Cine 色彩模式的区别在于，S-Gamut3 可以使用更广的色彩空间进行拍摄。即 S-Gamut3 色彩模式可还原的色彩数量要更多，即便是使用更广的色彩空间，在后期处理时，也可以得到全面还原，从而让画面呈现更细腻的色彩。

BT.2020与709色彩模式

BT.2020与709均为匹配HLG系列伽马的色彩模式，其可以呈现出HDR视频画面的标准色彩。

709 与 BT.2020 的区别则在于，使用 709 色彩模式时，可以让通过 HLG 系列伽马录制的视频在 HDTV 上显示出真实的色彩。

通过饱和度选项调整色彩的鲜艳程度

色彩三要素包括饱和度、色相以及明度，所以，通过调整饱和度，画面色彩可以发生变化。在图片配置文件功能中，可以在 -32~+32 范围内对饱和度进行调节。

数值越大，图像色彩饱和度越高，色彩越鲜艳；数值越小，图像色彩饱和度越小，色彩越暗淡。但需要注意的是，即便将饱和度调整为最低 -32，画面依然具有色彩。所以如果想拍摄黑白画面，需要将色彩模式设置为"黑白"。

为了便于各位理解调整饱和度数值对画面色彩的影响，笔者对同一场景，在仅改变饱和度的情况下录制了4段视频，其画面的色彩表现如下图所示。从中可以明显看出，随着饱和度数值的增加，画面色彩越来越鲜艳。

○ 在"图片配置文件"的详细设置界面中选择了"饱和度"选项，点击选择所需数值

通过色彩相位改变画面色彩

色彩相位功能可调整色彩在黄绿和紫红之间的平衡。该选项可以在 -7~+7 之间进行选择，数值越大，部分色彩就会偏向于紫红色；数值越小，部分色彩就会偏向于黄绿色。

需要注意的是，由于色彩相位选项并不会调整画面白平衡，也不会改变画面亮度，所以不会出现整个画面偏向紫红或者黄绿的情况发生。

○ 在"图片配置文件"的详细设置界面中选择"色彩相位"选项，点击选择所需数值

笔者对同一场景进行拍摄，并且在只改变色彩相位的情况下，发现天空以及绿树的色彩会因为设置的不同而略有区别。当色彩相位数值较低时，增加了些许绿色，绿叶的色彩会更青翠一些；而当色彩相位数值较高时，由于向紫红色偏移，天空由蓝色逐渐向青色转变。

通过色彩浓度对局部色彩进行调整

在图片配置文件功能中，只有色彩浓度选项可以实现对局部色彩的调整。在选择"色彩浓度"选项后，可分别对"R"（红）、"G"（绿）、"B"（蓝）、"C"（青）、"M"（洋红）、"Y"（黄）共6种色彩进行有针对性的调整。

每种色彩都可在+7和-7之间进行选择，数值越大，对应色彩的饱和度就越高；数值越小，对应色彩的饱和度就越低。同样，即便将饱和度设置为最低，也不会完全抹去该色彩，只会让其显得淡了许多。

在下面4张对比图中，面对同一场景，笔者设置了不同的"绿色"（B）色彩浓度数值进行拍摄。通过仔细观察可以发现，设置为+7确实要比设置为-7所录画面中树叶的色彩更浓郁一些。

↓ 索尼 α7S Ⅲ 相机设置步骤

❶ 在**图片配置文件**的详细设置界面中选择**色彩浓度**选项后，点击选择要修改的色彩

❷ 点击调整所选色彩的饱和度

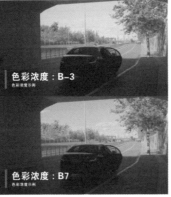

在使用该功能时，需要对画面中各区域色彩的构成有清楚的认识，从而知道对哪种色彩进行调整，才能获得理想的画面效果。这就需要多拍、多练，从而对色彩形成一定的敏感度。

第6章

拍视频的必备附件

视频拍摄稳定设备

手持式稳定器

在手持相机的情况下拍摄视频，往往会产生明显的抖动。这时就需要使用可以让画面更稳定的器材，比如手持稳定器。

这种稳定器的操作无须练习，只需选择相应的模式，就可以拍出比较稳定的画面，而且其体积小、重量轻，非常适合业余视频爱好者使用。

在拍摄过程中，稳定器会不断进行自动调整，从而抵消掉手抖或在移动时造成的相机震动。

由于此类稳定器是电动的，所以在搭配上手机 App 后，可以实现一键拍摄全景、延时、慢门轨迹等特殊功能。

○ 手持式稳定器

小斯坦尼康

斯坦尼康（Steadicam），即摄像机稳定器，由美国人加勒特·布朗（Garrett Brown）发明，自 20 世纪 70 年代开始逐渐为业内人士普遍使用。

这种稳定器属于专业摄像的稳定设备，主要用于手持移动录制。虽然同样可以手持，但它的体积和重量都比较大，适用于专业摄像机，并且它是以穿戴式手持设备的形式设计出来的，所以，斯坦尼康显然并不适用于普通摄影爱好者。

因此，为了在体积、重量和稳定效果之间找到一个平衡点，小斯坦尼康问世了。

人们在斯坦尼康的基础上，对稳定设备的体积和重量进行了压缩，从而无需穿戴，只需手持即可使用。

由于其具有不错的稳定效果，所以即便是专业的视频制作工作室，在拍摄一些不是很重要的素材时依旧会使用它。

○ 小斯坦尼康

但需要强调的是，无论是斯坦尼康，还是小斯坦尼康，采用的都是纯物理减震原理，需要一定的练习才能实现良好的减震效果。因此只建议追求专业级的摄像人员使用。

微单肩托架

相比小巧便携的稳定器而言，微单肩托架是更为专业的稳定设备。

肩托架并没有稳定器那么多的智能化功能，它结构简单，没有任何电子元件，在各种环境下均可以使用，并且只要掌握一定的方法，在稳定性上也更胜一筹。毕竟通过肩部受力，大大降低了手抖和走动过程中造成的画面抖动。

不仅仅是微单肩托架，在利用其他稳定器拍摄时，如果掌握了一些拍摄技巧，同样可以增强画面的稳定性。

○ 微单肩托架

摄像专用三脚架

与便携的摄影三脚架相比，摄像三脚架为了更好的稳定性而牺牲了便携性。

一般来讲，摄影三脚架在3个方向上各有1根脚管，也就是三脚管。而摄像三脚架在3个方向上最少各有3根脚管，也就是共有9根脚管，再加上底部的脚管连接设计，其稳定性要高于摄影三脚架。另外，脚管数量越多的摄像专用三脚架，其最大高度也更高。

对于云台，为了在摄像时能够实现在单一方向上精确、稳定地转换视角，摄像三脚架一般使用带摇杆的三维云台。

○ 摄像专用三脚架

滑轨

相比稳定器，利用滑轨移动相机录制视频可以获得更稳定、更流畅的镜头表现。利用滑轨进行移镜、推镜等运镜时，可以呈现出电影级的效果，因此，滑轨是更专业的视频录制设备。

另外，如果希望在录制延时视频时呈现一定的运镜效果，准备一个电动滑轨就十分有必要。因为电动滑轨可以实现微小的、匀速的持续移动，从而在短距离的移动过程中，拍摄下多张延时素材，这样通过后期合成，就可以得到连贯的、顺畅的、带有运镜效果的延时摄影画面。

○ 滑轨

视频拍摄存储设备

如果相机本身支持4K视频录制，但却无法正常拍摄，造成这种情况的原因往往是存储卡没有达到要求。另外，本节还将介绍一种新兴的文件存储方式，使海量视频文件的存储、管理和分享更容易。

SD 存储卡

如今的中高端微单相机，大部分都支持录制4K视频。而由于在录制4K视频的过程中，每秒都需要存入大量信息，因此要求存储卡具有较高的写入速度。

通常来讲，U3速度等级的SD存储卡（存储卡上有U3标记），其写入速度基本在75MB/s以上，可以满足码率低于200Mbps的4K视频的录制。

○ SD 存储卡

如果要录制码率达到 400Mbps 的视频，则需要购买写入速度达到100MB/s 以上的 UHS- Ⅱ 存储卡。UHS（Ultra High Speed）是指超高速接口，而不同的速度级别以 UHS- Ⅰ 、UHS- Ⅱ 、UHS- Ⅲ 标记，速度最快的 UHS- Ⅲ ，其读写速度最低也能达到 150MB/s。

CF 存储卡

除了 SD 卡，部分中高端相机还支持使用 CF 卡。CF 卡的写入速度普遍比较高，但卡面上往往只标注读取速度，并且没有速度等级标记，所以建议各位在购买前咨询客服，确认写入速度是否高于 75MB/s。如果高于 75MB/s，即可胜任 4K 视频的拍摄。

○ CF 存储卡

需要注意的是，在录制 4K 30P 视频时，一张 64GB 的存储卡大概能录 15 分钟左右。所以各位也要考虑录制时长，购买能够满足拍摄要求的存储卡。

NAS 网络存储服务器

由于 4K 视频文件较大，经常进行视频录制的人员，往往需要购买多块硬盘进行存储。但当寻找个别视频时费时费力，在文件管理和访问方面都不方便。而 NAS 网络存储服务器则让人们可以 24 小时随时访问大尺寸的 4K 文件，并且同时支持手机端和计算机端。在建立多个账户并设定权限的情况下，还可以让多人同时使用，并且保证个人隐私，为文件的共享和访问带来了便利。

○ NAS

一听"服务器"这个名词，各位可能觉得离自己非常遥远，其实目前市场上已经有成熟的产品。比如，西部数据或群晖都有多种型号的NAS 网络存储服务器供选择，并且保证可以轻松上手。

视频拍摄采音设备

在室外或不够安静的室内录制视频时，单纯通过相机自带的麦克风和声音设置往往无法实现满意的采音效果，这时就需要使用外接麦克风来提高视频中的音质。

无线领夹麦克风

无线领夹麦克风也被称为"小蜜蜂"。其优点在于小巧、便携，并且可以在不面对镜头，或者在运动过程中进行收音；缺点是对多人采音时，需要准备多个发射端，相对来说比较麻烦。另外，在录制采访视频时，也可以将"小蜜蜂"发射端拿在手里，当作"话筒"使用。

○ 便携的"小蜜蜂"

枪式指向性麦克风

枪式指向性麦克风通常安装在佳能相机的热靴上进行固定。因此当录制一些面对镜头说话的视频，比如讲解类、采访类视频时，就可以着重采集话筒前方的语音，以避免周围环境带来噪声。同时，在使用枪式麦克风时，也不用在身上佩戴麦克风，可以让被摄者的仪表更为自然、美观。

○ 枪式指向性麦克风

记得为麦克风戴上防风罩

为避免户外录制视频时出现风噪声，建议各位为麦克风戴上防风罩。防风罩主要分为毛套防风罩和海绵防风罩，其中海绵防风罩也被称为防喷罩。

一般来说，户外拍摄建议使用毛套防风罩，其效果比海绵防风罩更好。

○ 毛套防风罩

而在室内录制时，使用海绵防风罩即可，不仅能起到去除杂音的作用，还可以防止将唾液喷入麦克风，这也是海绵防风罩也被称为防喷罩的原因。

○ 海绵防风罩

视频拍摄灯光设备

在室内录制视频时，如果利用自然光照明，那么如果录制时间稍长，光线就会发生变化。比如，下午 2 点到 5 点，光线的强度和色温都在不断降低，导致画面出现由亮到暗、色彩由正常到偏暖的变化，从而很难拍出画面影调、色彩一致的视频。而如果采用室内一般的灯光进行拍摄，则灯光亮度又不够，打光效果也无法控制。所以，想录制出效果更好的视频，比较专业的室内灯光是必不可少的。

简单实用的平板 LED 灯

一般来讲，在拍摄视频时往往需要比较柔和的灯光，让画面中不会出现明显的阴影，并且呈现柔和的明暗过渡。而在不增加任何其他配件的情况下，平板LED灯本身就能通过大面积的灯珠打出比较柔和的光。

当然，也可以为平板LED灯增加色片、柔光板等配件，让光质和光源色产生变化。

○ 平板 LED 灯

更多可能的 COB 影视灯

这种灯的形状与影室闪光灯非常像，并且同样带有灯罩卡口，从而让影室闪光灯可用的配件在COB影视灯上均可使用，让灯光更可控。

常用的配件有雷达罩、柔光箱、标准罩和束光筒等，可以打出或柔和、或硬朗的光线。

因此，丰富的配件和光效是更多的人选择COB影视灯的原因。有时候人们也会把COB影视灯当作主灯，把平板LED灯当作辅助灯进行组合打光。

○ COB 影视灯搭配柔光箱

短视频博主最爱的 LED 环形灯

如果不懂布光，或者不希望在布光上花费太多时间，只需在面前放一盏LED环形灯，就可以均匀地打亮面部并形成眼神光了。

当然，LED环形灯也可以和其他灯光配合使用，让面部光影更均匀。

○ 环形灯

简单实用的三点布光法

三点布光法是拍摄短视频、微电影的常用布光方法。"三点"分别为位于主体侧前方的主光，以及另一侧的辅光和侧逆位的轮廓光。

这种布光方法既可以打亮主体，将主体与背景分离，还能够营造一定的层次感、造型感。

一般情况下，主光的光质相对辅光要硬一些，从而让主体形成一定的阴影，增加影调的层次感。这样既可以使用标准罩或蜂巢来营造硬光，也可以通过相对较远的灯位来提高光线的方向性。也因如此，在三点布光法中，主光的距离往往比辅光要远一些。辅助光作为补充光线，其强度应该比主光弱，主要用来形成较为平缓的明暗对比。

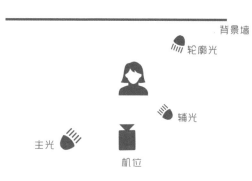

在三点布光法中，也可以不要轮廓光，而用背景光来代替，从而降低人物与背景的对比，让画面整体更明亮，影调也更自然。如果想为背景光加上不同颜色的色片，还可以通过色彩营造独特的画面氛围。

用氛围灯让视频更美观

前面讲解的灯光基本上只有照亮场景的作用，但如果想让场景更美观，那么还需要购置氛围灯，从而为视频画面增加不同颜色的灯光效果。

例如，在右图所示的场景中，笔者的身后使用了两盏氛围灯，一盏能够自动改变颜色，一盏是恒定的暖黄色。下面展示的 3 个主播背景，同样使用了不同的氛围灯。

要布置氛围灯可以直接在电商网站上搜索"氛围灯"，可以

找到不同类型的灯具，也可以搜索"智能 LED 灯带"，最后购买可以按自己的设计布置成为任意形状的灯带。

视频拍摄外采、监看设备

视频拍摄外采设备也被称为监视器、记录仪和录机等，其作用主要有以下两点。

提升视频画质

使用监视器能拍摄更高质量的视频。例如，有些相机没有录制RAW视频的功能，但使用监视器后则可以录制。以佳能EOS R为例，在视频录制规格的官方描述中，明确指出了外部输出规格：裁剪4K UHD 30P视频、10bit色彩深度、422采样、支持Clog，而机内录制仅能达到8bit色彩深度、420采样，且不支持Clog。

提升监看效果

监视器面积更大，可以代替相机上的小屏幕，使创作者能看到更精细的画面。由于监视器的亮度普遍更高，所以即便在户外的强光下，也可以清晰地看到录制效果。

有些相机的液晶屏没有翻转功能，或者可以翻转但程度有限。使用有翻转功能的外接监视器，可以方便创作者以多个角度监看视频拍摄画面。

利用监视器还可以直接将佳能相机以Clog曲线录制的画面转换为HDR效果，让创作者直接看到最终的模拟效果。

有些监视器不仅支持触屏操作，还有完善的辅助构图、曝光、焦点控制工具，可以弥补相机的功能短板。

○ 外采设备

用竖拍快装板拍摄竖画幅视频

当前许多视频平台以竖画幅视频为主，要更好地拍摄竖画幅视频，在使用前文讲述的三脚架的基础上，还需要使用竖拍快装板（又称L形快装板），以使相机可以竖立旋转，此时要注意开启微单相机的"取景器垂直显示"选项，使图标以垂直形式显示。

○ 安装竖拍快装板后的相机

○ "取景器垂直显示"选项

○ 开启"取景器垂直显示"　○ 关闭"取景器垂直显示"

用外接电源进行长时间录制

在长时间持续地录制视频时，一块电池的电量很有可能不够用。而如果更换电池，势必会导致拍摄中断。为了解决这个问题，各位可以使用外接电源进行连续录制。

外接电源可以使用充电宝进行供电，因此只需购买一块大容量的充电宝，就可以大大延长视频录制时间。

另外，如果在室内固定机位进行录制，还可以选择可直连插座的外接电源进行供电，从而完全避免在长时间拍摄过程中出现电量不足的问题。

○ 可直连插座的外接电源

○ 可连接移动电源的外接电源

○ 通过外接电源让充电宝给相机供电

通过提词器让语言更流畅

提词器是一个通过高亮度的显示器显示文稿内容，并将显示器显示的内容反射到相机镜头前一块呈45°角的专用镀膜玻璃上，把台词反射出来的设备。它可以让演讲者在看演讲词时，依旧保持很自然的对着镜头说话的感觉。

由于提词器需要经过镜面反射，所以除了硬件设备，还需要使用软件来将正常的文字变换方向，从而在提词器上显示出正常的文稿。

通过提词器软件，字体的大小、颜色、文字滚动速度均可以按照演讲人的需求改变。值得一提的是，如果是一个团队进行视频录制，可以派专人控制提词器，以确保提词速度可以根据演讲人语速的变化而变化。

如果更看重便携性，也可以把手机当作显示器的简易提词器。

当使用这种提词器配合相机拍摄时，要注意支架的稳定性，必要时需要在支架前方进行配重，以免因相机太重，而支架又比较单薄导致设备损坏。

○ 专业提词器

○ 简易提词器

利用运动相机拍摄第一视角视频

在拍摄台球、美食、手工等视频时，往往需要一些第一视角的视频画面。此时可以使用运动相机来拍摄，并在后期剪辑时，将这些视频与使用相机拍摄的视频组接起来。

运动相机的特点是体积小、便携、隐蔽、易安装、防抖性能高、防水、防震，可以将其夹在胸口、戴在头上或绑在身体的某个位置，因此可以胜任如骑行、跑步、冲浪、自驾、游泳等多种拍摄场景。

可供大家选择的运动相机包括大疆、GoPro和Insta 360等品牌。

○ 第一视角视频画面

○ GoPro

○ Insta 360

○ 大疆

使用相机兔笼让视频拍摄更灵活方便

兔笼有3个作用，第一是保护相机；第二是让创作者能够给相机添加各种附件，如脚架、云台、跟焦器、监视器支架、麦克风支架、闪光灯支架、转接环支架、上提手柄、侧握手柄和遮光罩等，并有效地固定这些附件；第三是让创作者更方便、稳定地手持相机进行拍摄。

可供选择的兔笼品牌包括铁头、斯莫格、优篮子等。

○ 使用了兔笼的相机

○ 铁头

○ 优篮子

○ 斯莫格

第7章
拍视频必学的镜头语言与
分镜头脚本的撰写方法

推镜头的 6 大作用

强调主体

推镜头是指镜头从全景或别的大景别由远及近，向被摄对象推进拍摄，最后使景别逐渐变成近景或特写镜头，最常用于强调画面的主体。例如，下面的组图展示了一个通过推镜头强调居中正在进行讲解的女孩的效果。

突出细节

推镜头可以通过放大来突出事物细节或人物表情、动作，从而使观众知晓剧情的重点在哪里，以及人物对当前事件的反应。例如，在早期的很多谈话类节目中，当被摄对象谈到伤心处时，摄影师都会推上一个特写，展现满含泪花的眼睛。

许多影视作品也都非常重视对细节的刻画。例如，《琅琊榜》中梅长苏手捻衣服的细节动作，《悬崖之上》电影中烟头、镜子上的标记等，甚至可以说如果没有细节，那么有些剧情就无法向下推进。

引入角色及剧情

推镜头这种景别逐渐变小的运镜方式进入感极强，也常被用于视频的开场，在交代地点、时间、环境等信息后，正式引入主角或主要剧情。许多导演都会把开场的任务交给气势恢宏的推镜头，从大环境逐步过渡到具体的故事场景，如徐克的《龙门飞甲》。

制造悬念

当推镜头作为一组镜头的开始镜头使用时，往往可以制造悬念。例如，一个逐渐推进角色震惊表情的镜头可以引发观众的好奇心——角色到底看到了才会什么如此震惊？

改变视频的节奏

通过改变推镜头的速度可以影响和调整画面节奏，一个缓慢向前推进的镜头给人一种冷静思考的感觉，而一个快速向前推进的镜头给人一种突然间醒悟并有所发现的感觉。

减弱运动感

当以全景表现运动的角色时，速度感是显而易见的。但如果以推镜头到特写的景别来表现角色，则会由于没有对比而弱化运动感。

拉镜头的 6 大作用

展现主体与环境的关系

拉镜头是指摄影师通过拖动摄影器材或以变焦的方式，将视频画面从近景逐渐变换到中景甚至全景的操作，常用于表现主体与环境关系。例如，下面的拉镜头展现了模特与直播间的关系。

以小见大

例如，先特写面包店剥落的油漆、被打破的玻璃窗，然后逐渐后拉，呈现一场灾难后的城市。这个镜头就可以把面包店与整个城市的破败联系起来，有以小见大的作用。

体现主体的孤立、失落感

拉镜头可以将主体孤立起来。比如，一个女人站在站台上，火车载着她唯一的孩子逐渐离去，架在火车上的摄影机逐渐远离女人，就能很好地体现出她的孤独感和失落感。

又如在一间教室内，镜头从老师的特写逐渐后拉，渐渐呈现一个空荡荡的凌乱的教室，体现学生在毕业后老师的失落感。

引入新的角色

在将镜头后拉的过程中，可以非常合理地引入新的角色、元素。例如，在一间办公室中，领导正在办公，通过后拉镜头的操作，将旁边整理文件的秘书引入画面，并与领导产生互动。如果空间够大，还可以继续后拉镜头，引入坐在旁边焦急等待的办事群众。

营造反差

在后拉镜头的过程中，由于引入了新的元素，因此可以借助新元素与原始信息营造反差。例如，特写一个身着凉爽服装的女孩，镜头后拉，展现的环境却是冰天雪地。

又如，特写一个正襟危坐、西装革履的主持人，将镜头拉远之后，却发现他穿的是短裤、拖鞋。

营造告别感

拉镜头从视频效果上看起来是观众在后退，从故事中抽离出去，这种退出感、终止感具有很强的告别意味，因此如果找不到合适的结束镜头，不妨试一下拉镜头。

摇镜头的 7 大作用

介绍环境

摇镜头是指机位固定,通过旋转摄影器材进行拍摄,包括水平摇拍和垂直摇拍。左右水平摇镜头适合拍摄壮阔的场景,如山脉、沙漠、海洋、草原和战场;上下垂直摇镜头适用于展示人物或雄伟的建筑,也可用于展现峭壁的险峻。

模拟审视观察

摇镜头的视觉效果类似于一个人站在原地不动,通过水平或垂直转动头部,仔细观察所处的环境。摇镜头的重点不是起幅或落幅,而是在整个摇动过程中展现信息,因此不宜过快。

强调逻辑关联

摇镜头可以暗示两个不同元素间的逻辑关系。例如,当镜头先拍摄角色,再随着角色的目光摇镜头拍摄衣橱,观众就能明白两者之间的联系。

转场过渡

在一个起幅画面后,利用极快的摇摄使画面中的影像全部虚化,过渡到下一个场景,可以给人一种时空穿梭的感觉。不过,这两个场景应该在时间或地理位置上相距较远,才符合逻辑。

表现动感

当拍摄运动的对象时,先拍摄其由远到近的动态,再利用摇镜头表现其经过摄影机后由近到远的动态,可以很好地表现运动物体的动态、动势、运动方向和运动轨迹。

组接主观镜头

当前一个镜头表现的是一个人环视四周,下一个镜头就应该用摇镜头表现其观看到的空间,即利用摇镜头表现角色的主观视线。

强调真实性

摇镜头有时空完整性,因此更能强调真实感。例如,当拍摄一个人进飞机后,再摇镜拍摄机身上的标志,就可以强调他乘坐的是哪个航空公司的飞机,由于过程连续,因此真实、自然。

移镜头的 4 大作用

赋予画面流动感

移镜头是指拍摄时摄影机在一个水平面上左右或上下移动（在纵深方向移动则为推 / 拉镜头）进行拍摄，拍摄时摄影机有可能被安装在移动轨上或安装在配滑轮的脚架上，也有可能被安装在升降机上进行滑动拍摄。采用移镜头方式拍摄时机位是移动的，所以画面具有一定的流动感，这会让观众感觉仿佛置身于画面中，视频画面也更具有艺术感染力。

展示环境

移镜头展示环境的作用与摇镜头十分相似，但由于移镜头打破了机位固定的限制，可以随意移动，甚至可以越过遮挡物展示空间的纵深感，因而移镜头表现的空间比摇镜头更有层次，视觉效果更为强烈。最常见的是，在旅行过程中将拍摄器材贴在车窗上拍摄快速后退的外景。

模拟主观视角

以移镜头的运动形式拍摄的视频画面，可以形成角色的主观视角，展示被摄角色以穿堂入室、翻墙过窗、移动逡巡的形式看到的景物。这样的画面能给观众很强的代入感，让人有身临其境之感。

在拍摄商品展示、美食类视频时，常用这种运镜方式模拟仔细观察、检视的过程。此时，手持拍摄设备缓慢移动进行拍摄即可。

创造更丰富的动感

在具体拍摄时，如果拍摄条件有限，摄影师可能更多地采用简单的水平或垂直移镜拍摄，但如果有更大的团队、更好的器材，在拍摄时通常会综合使用移镜、摇镜及推拉镜头，以创造更丰富的动感视角。

跟镜头的 3 种拍摄方式

跟镜头又称"跟拍",是跟随被摄对象进行拍摄的镜头运动方式。跟镜头可连续而详尽地表现角色在行动中的动作和表情,既能突出运动中的主体,又能交代动体的运动方向、速度、体态及其与环境的关系。按摄影机的方位可以分为前跟、后跟(背跟)和侧跟 3 种方式。

前跟常用于采访,即拍摄器材在人物前方,形成"边走边说"的效果。

体育视频通常在侧面拍摄,以表现运动员运动的姿态。

后跟用于追随线索人物游走于一个大场景之中,将一个超大空间里的方方面面一一介绍清楚,同时保证时空的完整性。还可以根据剧情表现角色被追赶、跟踪的效果。

升降镜头的作用

上升镜头是指相机的机位慢慢升起，从而表现被摄物体的高大。在影视剧中，也被用来设置悬念；而下降镜头的方向则与之相反。升降镜头的特点在于能够改变镜头和画面的空间，有助于增强戏剧效果。

例如，在电影《一路响叮当》中，使用了升镜头来表现高大的圣诞老人角色。

在电影《盗梦空间》中，使用升镜头表现折叠起来的城市。

需要注意的是，不要将升降镜头与摇镜头混为一谈。比如，机位不动，仅将镜头仰起，此为摇镜头，展现的是拍摄角度的变化，而不是高度的变化。

甩镜头的作用

甩镜头是指，一个画面拍摄结束后，迅速旋转镜头到另一个方向的镜头运动方式。甩镜头时画面的运动速度非常快，所以该部分画面内容是模糊不清的，但这正好符合人眼的视觉习惯（与快速转头时的视觉感受一致），所以会给观赏者带来较强的临场感。

值得一提的是，甩镜头既可以在同一场景中的两个不同主体间快速转换，模拟人眼的视觉效果；也可以在甩镜头后直接接入另一个场景的画面（通过后期剪辑进行拼接），从而表现同一时间，不同空间中并列发生的事情，此法在影视剧制作中经常出现。在电影《爆裂鼓手》中有一段精彩的甩镜头示范，镜头在老师与学生间不断甩动，体现了两者之间的默契与音乐的律动。

环绕镜头的作用

将移镜头与摇镜头组合起来，就可以实现一种比较炫酷的运镜方式——环绕镜头。

实现环绕镜头最简单的方法就是，将相机安装在稳定器上，然后手持稳定器,在尽量保持相机稳定的前提下绕人物走一圈儿,也可以使用环形滑轨。

通过环绕镜头可以 360° 全方位地展现主体，经常用于突出新登场的人物，或者展示景物的精致细节。

例如，一个领袖发表演说，摄影机在他们后面做半圆形移动，使领袖保持在画面中央，这就突出了一个中心人物。在电影《复仇者联盟》中，多个人员集结时，也使用了这样的镜头来表现集体的力量。

镜头语言之 "起幅" 与 "落幅"

无论使用前面讲述的推、拉、摇、移等诸多种运动镜头中的哪一种，拍摄时这个镜头通常都是由3部分组成的，即起幅、运动过程和落幅。

理解 "起幅" 与 "落幅" 的含义和作用

起幅是指运动镜头开始时的画面。即从固定镜头逐渐转为运动镜头的过程中，拍摄的第一个画面称为起幅。

为了让运动镜头之间的连接没有跳动感、割裂感，往往需要在运动镜头的结尾处逐渐转为固定镜头，称为落幅。

除了可以让镜头之间的连接更加自然、连贯，起幅和落幅还可以让观赏者在运动镜头中看清画面中的场景。其中，起幅与落幅的时长一般为1秒左右，如果画面信息量比较大，如远景镜头，则可以适当延长时间。

在使用推、拉、摇、移等运镜手法进行拍摄时，都是以落幅为重点，落幅画面的视频焦点或重心是整个段落的核心。

如右侧图中上方为起幅画面，下方为落幅画面。

起幅与落幅的拍摄要求

由于起幅和落幅是固定镜头，考虑到画面美感，在构图时要严谨。尤其是在拍摄到落幅阶段时，镜头停稳的位置、画面中主体的位置和所包含的景物均要进行精心设计。

如右侧图上方起幅画面使用V形构图，下方落幅画面使用水平线构图。

停稳的时间也要恰到好处。过晚进入落幅，则在与下一段起幅衔接时会出现割裂感，而过早进入落幅，又会导致镜头停滞时间过长，让画面显得僵硬、死板。

在镜头开始运动和停止运动的过程中，镜头速度的变化要尽量均匀、平稳，从而让镜头衔接更加自然、顺畅。

空镜头、主观镜头与客观镜头

空镜头的作用

空镜头又称景物镜头，根据镜头拍摄的内容，可分为写景空镜头和写物空镜头。写景空镜头多为全景、远景，也称为风景镜头；写物空镜头则大多为特写和近景。

空镜头可以渲染气氛，也可以用来借景抒情。

例如，当在一档反腐视频节目结束时，旁白是"留给他的将是监狱中的漫漫人生"，画面是监狱高墙及墙上的电网，并且随着背景音乐逐渐模糊直到黑场。这个空镜头暗示了节目主人公余生将在高墙内度过，未来的漫漫人生将是灰暗的。

此外，还可以利用空镜头进行时空过渡。

镜头一：中景，小男孩走出家门。

镜头二：全景，森林。

镜头三：近景，树木局部。

镜头四：中景，小男孩在森林中行走。

在这组镜头中，镜头二与镜头三均为空镜，很好地起到了时空过渡的作用。

客观镜头的作用

客观镜头的视点模拟的是旁观者或导演的视点，对镜头所展示的事情不参与、不判断、不评论，只是让观众有身临其境之感，所以也称为中间镜头。

新闻报道就大量使用了客观镜头，只报道新闻事件的状况、发生的原因和造成的后果，不作任何主观评论，让观众去思考、评判。画面是客观的，内容是客观的，记者的立场也是客观的，从而达到新闻报道客观、公正的目的。例如，下面是一个记录白天鹅栖息地的纪录片截图。

客观镜头的客观性包括两层含义。

■ 客观反映对象自身的真实性。

■ 对拍摄对象的客观描述。

主观镜头的作用

从摄影角度来看，主观性镜头是指摄影机模拟人的观察视角，视频画面展现人观察到的情景，这样的画面具有较强的代入感，也被称为第一视角画面。

例如，在电影中，当角色通过望远镜观察时，下一个镜头通常都会模拟通过望远镜观看到的景物，这就是典型的第一视角主观性镜头。

网络上常见的美食制作讲解、台球技术讲解、骑行风光、跳伞、测评等类型的视频，多数采用主观性镜头。在拍摄这样的主观性镜头时，多数采用将 GoPro 等便携式摄像设备固定在拍摄者身上的方式，有时也会采用手持的方式拍摄，因为画面的晃动能更好地模拟一个人的运动感，将观众带入画面。

在拍摄剧情类视频时，一个典型的主观性镜头，通常由一组镜头构成，以告诉观众谁在看、看什么、看到后的反应及如何看。

回答这 4 个问题可以安排下面这样一组镜头。

一镜是人物的正面镜头，这个镜头要强调看的动作，回答是谁在看。

二镜是人物的主观性镜头，这个镜头要强调所看到的内容，回答人物在看什么。

三镜是人物的反应镜头，这个镜头侧重强调看到后的情绪，如震惊、喜悦等。

四镜是带关系的主观性镜头，一般是将拍摄器材放在人物后面，以高于肩膀的高度拍摄。这个镜头提示看与被看的关系，体现二者的空间关系。

4 种常用的非技巧性转场

非技巧性转场是利用镜头的自然过渡来连接上下两个镜头的，它强调的是视觉的连续性，并不是任何两个镜头之间都可应用非技巧性转场，运用非技巧性转场需要注意寻找合理的转场元素。

利用相似性进行转场

当前后两个镜头具有相同或相似的主体形象，或者两个镜头的元素在运动方向、速度、色彩、表情、动作、声音等方面具有一致性时，即可实现视觉连续、转场顺畅的效果。

例如，下面这组镜头是利用帽子进行转场的。

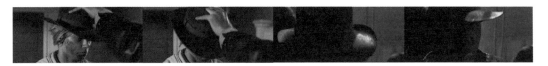

下面分别是利用动作及表情进行转场的。

同理，在拍摄生活类视频时，如果上一个镜头是果农在果园里采摘苹果的近景，下一个镜头是顾客在菜市场挑选苹果的特写，利用上下镜头都有"苹果"这一相同的元素，就可以将两个不同场景下的镜头联系起来，从而实现自然、顺畅的转场效果。

特写转场

特写转场也称为细节转场，是指前一组镜头以推镜头的方式，从中景或特写逐渐推到大特写景别，下一组镜头从大特写景别逐渐拉到中景或全景。由于两组镜头衔接处是无时间、空间标志的同一物体的特写细节，因此，转场基本上是无痕的。

例如，下面的一组镜头是逐渐从中景推到眼部特写，再从眼部特写拉到中景，完成时空转换，获得平滑的转场效果的。

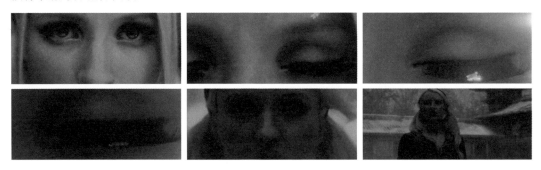

这种转场方法的优点是，可以通过任意对象进行转场，例如，一支笔、一顶帽子、一副眼镜、一个树洞、一个笔记本、打字的手等。

空镜转场

只拍摄场景的镜头称为空镜头。空境转场通常在需要表现时间或空间巨大变化时使用，从而起到过渡、缓冲的作用。

除此之外，空镜头也可以实现"借物抒情"的效果。比如，上一个镜头是女主角在电话中向男主角提出分手，接一个空镜头，是雨滴落在地面的景象，然后再接男主角在雨中接电话的景象。其中，"分手"这种消极情绪与雨滴落在地面的镜头之间是有情感上内在联系的；而男主角站在雨中接电话，由于与空镜头中的"雨"存在空间上的联系，从而实现了自然且富有情感的转场效果。下面这组图就使用空镜头使场景从室外直接切到了室内。

遮挡镜头转场

当某物逐渐遮挡画面，直至完全遮挡，然后再逐渐离开，显露画面的过程就是遮挡镜头转场。这种转场方式可以将过场戏省略掉，从而加快画面的节奏。

例如，下面是利用场景中的衣服遮挡镜头形成自然转场的。

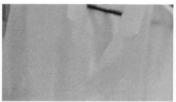

如果遮挡物距离镜头较近，阻挡了大量的光线，导致画面完全变黑，再由纯黑的画面逐渐转变为正常场景，这种转场方式称为挡黑转场。挡黑转场在视觉上可以给人的冲击较强，同时还可以制造视觉悬念。

门框与廊柱等竖条形景物，通常可以是很好的遮挡物。

此外，从土角面前经过的人与车等运动的对象，也可以形成有效遮挡。

4 种常用的技巧性转场

技巧性转场是指，在拍摄或剪辑时要采用一些技术或特效才能实现的转场。

淡入淡出转场

淡入淡出转场即上一个镜头的画面由明转暗，直至黑场；下一个镜头的画面由暗转明，逐渐显示至正常亮度。淡出与淡入的时长一般各为两秒，但在实际编辑时，可以根据视频的情绪、节奏灵活掌握。

在部分影片中，在淡出淡入转场之间还有一段黑场，表示剧情告一段落，或者让观众陷入思考。

从黑色通过淡入方式进入正片，是常用的视频开场方式。

同理，也可以采用正片淡出到黑色的方式来结束一段视频，给观众逐渐脱离故事的感觉。

除了黑色，还可以使用白色完成淡入与淡出。当淡入到白色时，通常会给人一种进入梦境、回忆或精神得到升华的感觉。

叠化转场

叠化是指将前后两个镜头在短时间内重叠，并且前一个镜头逐渐模糊到消失，后一个镜头逐渐清晰直到完全显现。

叠化转场主要用来表现时间的消逝、空间的转换，或者在表现梦境和回忆的镜头中使用，还可以利用这种方法获得情节过渡镜头。

叠化还可以在两个镜头的人物、景物之间建立联系。例如，在下面的视频截图中，就是通过叠化的方式使男人与小孩之间产生逻辑联系的。

值得一提的是，在叠化转场过程中，前后两个镜头会有几秒比较模糊的重叠，如果镜头质量不佳，可以用这段时间掩盖镜头缺陷。

划像转场

划像转场也被称为扫换转场，分为划出与划入。上一个画面从某一方向退出屏幕称为划出；下一个画面从某一方向进入屏幕称为划入。

根据画面进、出屏幕的方向不同，可分为横划、竖划和对角线划等，通常在两个内容意义差别较大的镜头转场时使用。

这种转场形式由于略显老旧，目前应用得比较少了。

其他特效转场

由于目前视频剪辑类软件的功能非常强大，从理论上来说，可以使用任意一种特效来进行转场，如多屏分切、翻页、旋转缩小和竖向模糊等。

但这样的转场过于刻意，因此大多数仅适用于 MTV 类视频短片，用于增强视频的动感，丰富视频画面。

了解拍摄前必做的分镜头脚本

通俗地说，分镜头脚本就是将一段视频包含的每一个镜头拍什么、怎么拍，先用文字写出来或画出来（有人会利用简笔画表明分镜头脚本的构图方法），也可以理解为拍视频之前的计划书。

对于影视剧的拍摄，分镜头脚本有着严格的绘制要求，是前期拍摄和后期剪辑的重要依据，并且需要经过专业的训练才能完成。但作为普通摄影爱好者，大多数都以拍摄短视频或者 VLOG 为目的，因此只需了解其作用和基本撰写方法即可。

分镜头脚本的作用

指导前期拍摄

即便是拍摄一条长度仅为 10 秒左右的短视频，通常也需要 3~4 个镜头来完成。这 3 个或 4 个镜头计划怎么拍，就是分镜脚本中应该写清楚的内容。这样可以避免到了拍摄场地后再现场构思，那样既浪费时间，又可能会因为思考时间太短，而得不到理想的画面。

值得一提的是，虽然分镜头脚本有指导前期拍摄的作用，但不要被其束缚。在实地拍摄时，如果有更好的创意，则应该果断采用新方法进行拍摄。

下面展示的是徐克、姜文、张艺谋三位导演的分镜头脚本，可以看出，即便是大导演也在遵循严格的拍摄规划流程。

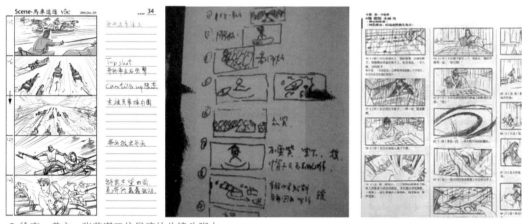

○ 徐克、姜文、张艺谋三位导演的分镜头脚本

后期剪辑的依据

根据分镜头脚本拍摄的多个镜头，需要通过后期剪辑合并成一段完整的视频。因此，镜头的排列顺序和镜头转换的节奏都需要以分镜头脚本作为依据。尤其是在拍摄多组备用镜头后，很容易混淆，导致不得不花费更多的时间进行整理。

另外,由于拍摄时现场的情况很可能与预期不同,所以前期拍摄未必完全按照分镜头脚本进行。此时就需要懂得变通,抛开分镜头脚本,寻找最合适的方式进行剪辑。

分镜头脚本的撰写方法

掌握了分镜头脚本的撰写方法,也就学会了如何制订短视频或者 VLOG 的拍摄计划。

分镜头脚本应该包含的内容

一份完善的分镜头脚本应该包含镜头编号、景别、拍摄方法、时长、画面内容、拍摄解说和音乐 7 部分内容。下面逐一讲解每部分内容的作用。

（1）镜头编号：镜头编号代表各个镜头在视频中出现的顺序。绝大多数情况下，它也是前期拍摄的顺序（因客观原因导致个别镜头无法拍摄时，则会先跳过）。

（2）景别：景别分为全景（远景）、中景、近景和特写，用于确定画面的表现方式。

（3）拍摄方法：针对被摄对象描述镜头运用方式，是分镜头脚本中唯一对拍摄方法的描述。

（4）时间：用来预估该镜头的拍摄时长。

（5）画面：对拍摄的画面内容进行描述。如果画面中有人物，则需要描绘人物的动作、表情和神态等。

（6）解说：对拍摄过程中需要强调的细节进行描述，包括光线、构图及镜头运用的具体方法等。

（7）音乐：确定背景音乐。

提前对上述 7 部分内容进行思考并确定，整段视频的拍摄方法和后期剪辑的思路、节奏就基本确定了。虽然思考的过程比较费时，但"磨刀不误砍柴工"，做一份详尽的分镜头脚本，可以让前期拍摄和后期剪辑轻松很多。

撰写分镜头脚本实践

了解了分镜头脚本所包含的内容后，就可以尝试撰写了。这里以在海边拍摄一段视频为例，向读者介绍分镜头脚本的撰写方法。

由于分镜头脚本是按不同镜头进行撰写的，所以一般都以表格的形式呈现。但为了便于介绍撰写思路，会先以成段的文字进行讲解，最后通过表格呈现最终的分镜头脚本。

首先，整段视频的背景音乐统一确定为陶喆的《沙滩》，然后再通过分镜头讲解设计思路。

镜头 1：人物在沙滩上散步，并在旋转过程中让裙子散开，表现出在海边散步的惬意。所以"镜头 1"利用远景将沙滩、海水和人物均纳入画面中。为了让人物在画面中更显突出，应穿着颜色鲜艳的服装。

镜头 2：由于"镜头 3"中将出现新的场景，所以将"镜头 2"设计为一个空镜头，单独表现"镜头 3"中的场地，让镜头彼此之间具有联系，起到承上启下的作用。

镜头 3：经过前面两个镜头的铺垫，此时通过在垂直方向上拉镜头的方式，让镜头逐渐远离人物，表现出栈桥的线条感与周围环境的空旷、大气之美。

镜头 4：最后一个镜头则需要将画面拉回视频中的主角——人物身上。同样通过远景来表现，同时兼顾美丽的风景与人物。在构图时要利用好栈桥的线条，形成透视牵引线，增强画面的空间感。

经过上述思考，就可以将分镜头脚本以表格的形式表现出来了，成品参见下表。

○ 镜头 1：表现人物与海滩景色

○ 镜头 2：表现出环境

○ 镜头 3：逐渐表现出环境的极简美

○ 镜头 4：回归人物

镜号	景别	拍摄方法	时间	画面	解说	音乐
1	远景	移动机位拍摄人物与沙滩	3 秒	穿着红衣的女子在海边的沙滩上散步	采用稍微俯视的角度，表现出沙滩与海水，女子可以摆动起裙子	《沙滩》
2	中景	以摇镜头的方式表现栈桥	2 秒	狭长栈桥的全貌逐渐出现在画面中	摇镜头的最后一个画面，需要栈桥透视线的灭点位于画面中央	同上
3	中景 + 远景	中景俯拍人物，采用拉镜头的方式，让镜头逐渐远离人物	10 秒	从画面中只有人物与栈桥，再到周围的海水，再到更大的空间	通过长镜头，以及拉镜头的方式，让画面中逐渐出现更多的内容，引起观赏者的兴趣	同上
4	远景	以固定机位拍摄	7 秒	女子在优美的栈桥上翩翩起舞	利用栈桥让画面更具空间感。人物站在靠近镜头的位置，使其占据一定的画面比例	同上

运镜分析

　　下面是笔者针对网红张同学的视频制作的简单脚本表格。从中不难看出，他使用的技术其实非常简单，视频的流畅感与沉浸感主要来源于主观性镜头与客观性镜头的切换，以及动作与动作之间的衔接。

　　例如，主观性镜头多为特写景别，使视频有第一人像视角效果。同一个动作换不同的角度拍摄，并在动作发生的瞬间做镜头衔接。利用遮挡转场的手法，使场景与场景之间的切换更为自然。

镜号	景别	拍摄方法	镜头类型	画面
1	全景	平移机位拍摄	客观	主角掀起被子准备起床
2	特写	手持跟随拍摄	主观	掀起窗帘
3	近景	屋外固定机位拍摄	客观	从屋内向窗外看
4	特写	手持跟随拍摄	主观	取右侧窗帘
5	特写	手持跟随拍摄	主观	取左侧窗帘
6	特写	手持跟随拍摄	主观	拿开枕头取袜子
7	特写	固定机位拍摄	客观	穿袜子细节
8	特写	固定机位拍摄	主观	穿袜子细节
9	特写	手持跟随拍摄	主观	拿衣服
10	特写	固定机位拍摄	客观	下床跳到鞋子上
11	全景	固定机位拍摄	客观	叠被子
12	特写	固定机位拍摄	客观	被子遮挡镜头（便于切场景）
13	特写	手持跟随拍摄	主观	将枕头放到被子上
14	全景	固定机位拍摄	客观	推被子遮挡镜头
15	特写	手持跟随拍摄	主观	走向柜子打开抽屉
16	特写	手持跟随拍摄	主观	推门
17	全景	屋外固定机位拍摄	客观	推开门（这里与前一个镜头衔接得很自然），准备揭开橱柜帘
18	近景	橱柜内固定机位拍摄	客观	揭开帘子（与前一个镜头衔接自然），拿一碗剩饭
19	特写	手持跟随拍摄	主观	将碗放在桌子上
20	特写	手持跟随拍摄	主观	揭开锅盖
21	特写	固定机位拍摄	主观	把剩饭丢到锅里
22	特写	手持跟随拍摄	主观	拿勺子准备挖剩菜
23	特写	固定机位拍摄	客观	用勺子挖剩菜（与前一个镜头衔接自然）

第8章

录制常规、延时及慢动作
视频的参数设置方法

尼康微单相机录制视频的简易流程

下面以尼康 Z8 相机为例，讲解视频拍摄的基本流程，供用户在拍摄时参考。

（1）在相机背面的右上方将照片／视频选择器拨动至📹位置。

（2）按住 MODE 按钮并旋转主指令拨盘选择拍摄模式。在 A、S 及 M 拍摄模式下，需调整至合适的曝光组合。关于这一步，后面还有详细讲解。

（3）通过自动或手动的方式对主体进行对焦。

（4）按下视频录制按钮，开始录制视频。

（5）录制完成后，再次按下视频录制按钮，结束录制。

○ 将照片／视频选择器拨动至📹图标

○ 选择拍摄模式

○ 录制视频前，先进行参数设置和对焦操作

○ 按下视频录制按钮

○ 将开始录制视频，此时画面左上角显示红色的圆点及红色方框

索尼微单相机录制视频的简易流程

下面以索尼 α 7SⅢ相机为例，讲解拍摄视频短片的简单流程。

（1）设置视频文件格式及动态影像设置菜单选项。

（2）按住模式旋钮解锁按钮并同时转动模式旋钮，使🎬图标对齐左侧的白色标志处，即为动态影像模式，然后在拍摄菜单在中的第4页照相模式中，点击选择曝光模式，将照相模式设为S或M挡，或其他模式。

（3）通过自动或手动的方式先对主体进行对焦。

（4）按下红色的MOVIE按钮，即可开始录制短片。录制完成后，再次按下红色的MOVIE按钮。

○ 切换曝光模式

○ 按下 MOVIE 按钮即可开始录制

○ 在拍摄前，可以先进行对焦

佳能微单相机录制视频的简易流程

佳能微单相机录制视频的操作基本类似，下面以佳能 R5 相机为例，讲解简单的拍摄短片的基本操作流程。

（1）按 MODE 按钮显示拍摄模式选择界面，如果显示的是照片拍摄界面，需按 INFO 按钮切换到短片模式选择界面。

（2）在短片模式选择界面中，转动主拨盘🖑可以选择以何种模式拍摄短片。如果希望手动控制短片的曝光量，将拍摄模式选择为♥M挡；如果希望相机自动控制短片的曝光量，将拍摄模式选择为♥A或♥挡；如果希望优先使用光圈或快门拍摄短片，则可以将拍摄模式选择为♥Av或♥Tv，选择完后按下 SET 按钮确认。

（3）在拍摄短片前，可以通过自动或手动的方式先对主体进行对焦。在光圈优先、快门优先及手动拍摄模式下，还需调整曝光组合。

（4）按下短片拍摄按钮，即可开始录制短片。

（5）录制完成后，再次按下短片拍摄按钮结束录制。

如果使用的是佳能 R6 相机，可以转动模式拨盘使♥图标与左侧白色标志对齐，即为短片拍摄模式。通过"拍摄菜单 1"中的"拍摄模式"菜单，用户可以选择是短片自动曝光还是短片手动曝光。

有些佳能微单相机，如佳能 R5，在拍摄静止照片期间，支持直接按短片拍摄按钮来录制短片。在🔲模式下录制短片会以🔲模式进行录制，在🔲以外的模式下录制短片会以 P 模式进行录制。

○ 选择拍摄模式

○ 在拍摄前，可以先半按快门进行自动对焦，或者转动镜头对焦环进行手动对焦

○ 按下红色的短片拍摄按钮，将开始录制短片，此时会在屏幕右上角显示一个红色的圆

上面的流程看上去很简单，但在实际拍摄过程中，涉及若干知识点。比如，设置视频短片参数、设置视频拍摄模式、开启并正确设置实时显示模式、开启视频拍摄自动对焦模式、设置视频对焦模式、设置视频自动对焦灵敏度、设置录音参数及设置时间码参数等，只有理解并正确设置这些参数，才能够录制出一段合格的视频。

下面笔者将通过若干节讲解上述知识点。

设置视频格式与画质

跟设置照片的尺寸、画质一样，录制视频时需要关注视频的相关参数。如果录制的视频只是普通的记录短片，采用全高清分辨率即可。但是，如果作为商业短片使用，则需要录制高帧频的4K 视频。所以在录制视频之前，一定要设置好视频参数。

设置视频格式与画质的方法

佳能不同定位的相机支持不同的视频录制尺寸。以佳能 R5 为例，其在视频方面的一大亮点就是它是佳能首款支持 8K 录制的相机，最高支持以 29.97P/25P 的帧频机内录制分辨率为 8192×4320 的 8K DCI 短片或分辨率为 7680×4320 的 8K UHD 短片。此外，该相机还支持 8K 超采样生成高精细 4K 短片。这是因为，佳能 R5 的定位就是高端视频拍摄，而定位在入门级的 R10 相机，则最高只支持录制 4K 视频。

佳能R5相机设置步骤

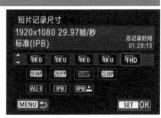

❶ 在**拍摄菜单1**中选择**短片记录画质**选项

❷ 选择**短片记录尺寸**选项

❸ 选择所需的短片记录尺寸选项，然后点击 SET OK 图标确定

尼康微单相机在"画面尺寸/帧频"菜单中可以选择短片的画面尺寸、帧频。当选择不同的画面尺寸拍摄时，所获得的视频清晰度不同，占用的空间也不同。

以尼康Z8相机为例，支持录制8K超高清视频，提供60P、50P、30P、25P、24P等5个录制选项，即分别可录制60P、50P、30P、25P、24P的8256×4644尺寸的8K视频。

尼康Z8相机设置步骤

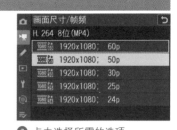

❶ 在**视频拍摄**菜单中点击**画面尺寸/帧频**选项

❷ 点击选择所需的选项

索尼微单相机要设置视频文件格式与画质，要分别设置"文件格式"和"记录设置"两个菜单。

在"文件格式"菜单 中可以选择视频的录制格式，包含"XAVC HS 4K""XAVC S 4K""XAVC S HD""XAVC S-I 4K""XAVC S-I HD" 5个选项。

在"记录设置"菜单中可以选择录制视频的帧速率和影像质量。选择不同的选项拍摄时，所获得的视频清晰度不同，占用的空间也不同。

索尼 α7S Ⅲ 相机设置步骤

① 在**拍摄菜单**的第9页**影像质量**
中，点击选择**文件格式**选项

② 点击选择所需文件格式选项

索尼 α7S Ⅲ 相机设置步骤

① 在**拍摄菜单**中的第1页**影像质量**
中，点击选择**动态影像设置**选项

② 点击选择**记录帧速率**选项

③ 点击选择所需的选项

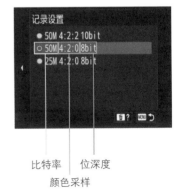

④ 点击选择**记录设置**选项

⑤ 点击选择所需的选项

比特率　位深度

颜色采样

常见视频分辨率、格式及压缩方式

虽然不同的微单相机支持不同分辨率及压缩方式的视频格式，但各位读者可以通过下面的表格总体了解不同分辨率的具体尺寸及不同压缩方式的具体含义（以佳能 R5 相机为例）。

短片记录画质选项说明表		
图像大小		
8K·U / 8K·D	4K·U / 4K·D	FHD
8 K 超高清画质。8K·U 记录尺寸为8192×4320，长宽比为17：9；8K·D 记录尺寸为7680×4320，长宽比为16：9	4 K 超高清画质。4K·U 记录尺寸为4096×2160，长宽比为17：9；4K·D 记录尺寸为3840×2160，长宽比为16：9	全高清画质。记录尺寸为1920×1080，长宽比为16：9
帧频（帧/秒）		
119.9P 59.94P 29.97P	100.0P 50.00P 25.00P	23.98P 24.00P
分别以119.9帧/秒、59.94帧/秒、29.97帧/秒的帧频率记录短片，适用于电视制式为NTSC的地区（北美、日本、韩国、墨西哥等）。119.9P 在启用"高帧频"功能时有效	分别以110帧/秒、50帧/秒、25帧/秒的帧频率记录短片，适用于电视制式为PAL的地区（欧洲、俄罗斯、中国、澳大利亚等）。100.0P 在启用"高帧频"功能时有效	分别以23.98帧/秒和24帧/秒的帧频率记录短片，适用于电影。将视频制式设为"NTSC"时，23.98P 选项可用
压缩方式		
ALL-I（编辑用/仅I）	IPB（标准）	IPB ☁（轻）
一次压缩一个帧进行记录，虽然文件尺寸会比使用 IPB（标准）时更大，但更方便编辑	一次高效地压缩多个帧进行记录。由于文件尺寸比使用 ALL-I（编辑用）时更小，在同样存储空间的情况下，可录制更长时间的视频	由于短片以比使用 IPB 时更低的比特率进行记录，因而文件尺寸更小，并且可以与更多回放系统兼容
短片记录格式		
RAW		MP4
短片会以数字方式将来自图像感应器的、原始未经处理的数据记录至存储卡中，用户可以使用DPP或其他后期编辑软件进行后期处理		当选择 ALL-I、IPB（标准）或 IPB ☁压缩方式时，短片会以MP4格式存储。此格式的视频具有更广的兼容性
高帧频	选择"启用"选项，可以在 4K·U / 4K·D 画质下，以119.9帧/秒或100.0帧/秒的高帧频录制短片	
4K HQ模式	选择"启用"选项，可使用比普通4K短片更高级别的画质录制短片	

佳能微单相机利用短片裁切拉近被拍摄对象

当在全画幅微单相机上安装了RF或EF系列镜头时，可以通过"短片裁切"菜单来设置是否对照片的中央进行裁切，以获得和使用长焦镜头拍摄时一样的拉近效果。

如果安装的是 RF-S 系列镜头，拍摄出来的画面与使用 RF 或 EF 系列镜头拍摄并应用"短片裁切"功能后的视角相同。如果再启用"短片裁切"功能，则可以获得更为明显的拉近效果。下面以佳能 R5 为例，展示此菜单功能的效果。

佳能R5相机设置步骤

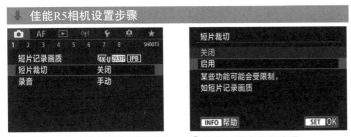

① 在**拍摄菜单1**中选择**短片裁切**选项　② 选择**启用**或**关闭**选项

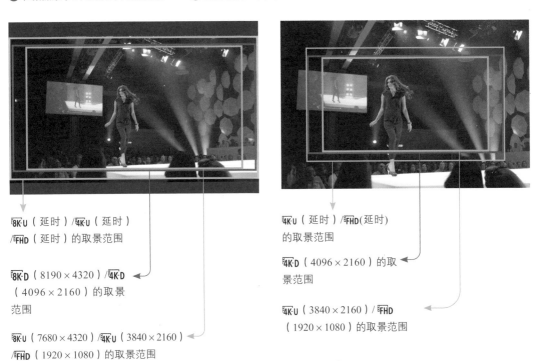

⁸ᴷ·ᵁ（延时）/⁴ᴷ·ᵁ（延时）/ᴴFHD（延时）的取景范围

⁸ᴷ·ᴰ（8190×4320）/⁴ᴷ·ᴰ（4096×2160）的取景范围

⁸ᴷ·ᵁ（7680×4320）/⁴ᴷ·ᵁ（3840×2160）/ᴴFHD（1920×1080）的取景范围

⁴ᴷ·ᵁ（延时）/ᴴFHD（延时）的取景范围

⁴ᴷ·ᴰ（4096×2160）的取景范围

⁴ᴷ·ᵁ（3840×2160）/ᴴFHD（1920×1080）的取景范围

○ 安装 RF 或 EF 镜头，并且将"短片裁切"功能设为"关闭"时

○ 安装 RF 或 EF 镜头，并且将"短片裁切"功能设为"启用"时；安装 EF-S 镜头时

根据存储卡及时长设置视频画质

与不同尺寸、压缩比的照片文件大小不同一样，录制视频时，如果使用了不同的视频尺寸、帧频或压缩比，视频文件的大小也相去甚远。因此，在拍摄视频前，一定要预估自己使用的存储卡可以记录的视频时长，以避免录制视频时由于要临时更换存储卡，而不得不中断视频录制的尴尬。

例如，当使用佳能 R5 相机以 29.97 帧 / 秒、8K UHD、ALL-I 格式录制视频，存储容量为 256GB 的卡，只能录制 26 分钟，如果以 29.97 帧 / 秒、4K UHD、IPB 格式录制视频，可以录制 4 小时 40 分钟，而如果以 50.00 帧 / 秒、Full HD、IPB 格式录制视频，则可以录制 18 小时 2 分钟。

如果录制的是高帧率视频，格式是 119.88 帧 / 秒、4K UHD、ALL-I，存储为容量 256GB 的卡，只能录制 18 分钟。

短片记录尺寸			总记录时间（大约值）			短片比特率（Mbps）	文件尺寸（MB/分钟）
			64GB	256GB	1TB		
8K DCI	29.97 帧 / 秒	RAW	3分钟	13分钟	51分钟	2600	18668
	25.00 帧 / 秒 24.00 帧 / 秒	ALL-I	6分钟	26分钟	1小时42分钟	1300	9309
	23.98 帧 / 秒	IPB	18分钟	1小时12分钟	4小时42分钟	470	3373
8K UHD	29.97 帧 / 秒	ALL-I	6分钟	26分钟	1小时42分钟	1300	9309
	25.00 帧 / 秒 23.98 帧 / 秒	IPB	18分钟	1小时12分钟	4小时42分钟	470	3373
4K DCI	59.94 帧 / 秒	ALL-I	9分钟	36分钟	2小时21分钟	940	6734
	50.00 帧 / 秒	IPB	36分钟	2小时27分钟	9小时35分钟	230	1656
4K DCI 4K DCI 优	29.97 帧 / 秒 25.00 帧 / 秒	ALL-I	18分钟	1小时12分钟	4小时42分钟	470	3373
	24.00 帧 / 秒 23.98 帧 / 秒	IPB	1小时10分钟	4小时40分钟	18小时17分钟	120	869
4K DCI	119.88 帧 / 秒 100.00 帧 / 秒	ALL-I	4分钟	18分钟	1小时10分钟	1880	13447
4K UHD	59.94 帧 / 秒	ALL-I	9分钟	36分钟	2小时21分钟	940	6734
	50.00 帧 / 秒	IPB	36分钟	2小时27分钟	9小时35分钟	230	1656
4K UHD 4K UHD 优	29.97 帧 / 秒 25.00 帧 / 秒	ALL-I	18分钟	1小时12分钟	4小时42分钟	470	3373
	23.98 帧 / 秒	IPB	1小时10分钟	4小时40分钟	18小时17分钟	120	869
4K UHD	119.88 帧 / 秒 100.00 帧 / 秒	ALL-I	4分钟	18分钟	1小时10分钟	1880	13447
Full HD	59.94 帧 / 秒	ALL-I	47分钟	3小时8分钟	12小时14分钟	180	1298
	50.00 帧 / 秒	IPB	2小时18分钟	9小时14分钟	36小时6分钟	60	440
	29.97 帧 / 秒 25.00 帧 / 秒	ALL-I	1小时33分钟	6小时12分钟	24小时16分钟	90	655
	23.98 帧 / 秒	IPB	4小时30分钟	18小时2分钟	70小时27分钟	30	226
	29.97 帧 / 秒 25.00 帧 / 秒	IPB轻	11小时35分钟	46小时23分钟	181小时13分钟	12	88

了解短片拍摄状态下的信息显示

在短片拍摄模式下，屏幕会显示若干参数，了解这些参数的含义有助于摄影师快速调整相关参数，从而提高录制视频的效率、成功率及品质。下面以佳能 R5 相机为例，讲解各个参数的含义。

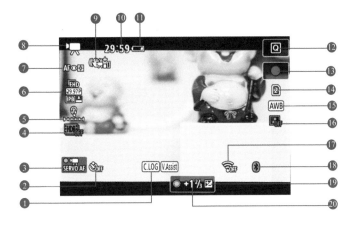

❶ Canon Log

❷ 短片自拍定时器

❸ 短片伺服自动对焦

❹ HDR短片

❺ 耳机音量

❻ 短片记录尺寸

❼ 自动对焦方式

❽ 拍摄模式

❾ 图像稳定器（IS模式）

❿ 可用的短片记录时间：已记录时间

⓫ 电池电量

⓬ 速控图标

⓭ 录制图标

⓮ 用于记录/回放的存储卡

⓯ 白平衡/白平衡校正

⓰ 自动亮度优化

⓱ Wi-Fi功能

⓲ 蓝牙功能

⓳ 曝光补偿

⓴ 曝光量指示标尺（测光等级）

在短片拍摄模式下，连续按下INFO按钮，可以在不同的信息显示内容之间进行切换。

○ 显示主要参数　　　　○ 显示完整参数

○ 显示直方图与数字水平量规　　○ 只显示图像

○ 屏幕上仅显示拍摄信息（没有影像）

设置视频拍摄模式

与拍摄照片一样，拍摄视频时也可以采用多种不同的曝光模式，如自动曝光模式、光圈优先曝光模式、快门优先曝光模式和全手动曝光模式等。

如果对曝光要素不太理解，可以直接设置为自动曝光或程序自动曝光模式。

如果希望精确地控制画面亮度，可以将拍摄模式设置为全手动曝光模式。但在这种拍摄模式下，需要摄影师手动控制光圈、快门和感光度3个要素。下面分别讲解这3个要素的设置思路。

光圈：如果希望拍摄的视频具有电影般的效果，可以将光圈设置得稍微大一点，以虚化背景，获得浅景深效果；反之，如果希望拍摄出来的视频画面远近都比较清晰，就需要将光圈设置得稍微小一点。

感光度：在设置感光度的时候，主要考虑的是整个场景的光照条件。如果光照不很充分，可以将感光度设置得稍微大一点；反之，则可以降低感光度，以获得较为优质的画面。

快门速度对视频的影响比较大，下面详细讲解。

理解快门速度对视频的影响

无论是拍摄照片，还是拍摄视频，曝光三要素中光圈、感光度的作用都是一样的，但唯独快门速度对视频录制有特殊的意义，因此值得详细讲解。

根据帧频确定快门速度

从视频效果来看，大量摄影师总结出来的经验是将快门速度设置为帧频2倍的倒数。此时录制的视频中运动物体的表现最符合肉眼观察效果。

比如，视频的帧频为25P，那么应将快门速度设置为1/50秒（25乘以2等于50，再取倒数，为1/50）。同理，如果帧频为50P，则应将快门速度设置为1/100秒。

但这并不是说，在录制视频时，快门速度只能保持不变。在一些特殊情况下，当需要利用快门速度调节画面亮度时，在一定范围内进行调整是没有问题的。

快门速度对视频效果的影响

拍摄视频的最低快门速度

当需要降低快门速度提高画面亮度时，快门速度不能低于帧频的倒数。比如，当帧频为25P时，快门速度不能低于1/25秒。而事实上，也无法设置比1/25秒更低的快门速度，因为在录制视频时，佳能相机会自动锁定帧频倒数为最低快门速度。

○ 在昏暗的环境下录制时，可以适当降低快门速度，以保证画面亮度

拍摄视频的最高快门速度

当需要提高快门速度降低画面亮度时，对快门速度的上限并没有硬性要求。但若快门速度过高，由于每一个动作都会被清晰定格，从而导致画面看起来很不自然，甚至会出现失真的情况。

这是因为人的眼睛是有视觉时滞的，也就是当人们看到高速运动的景物时，景物会出现动态模糊的效果。而当使用过高的快门速度录制视频时，运动模糊效果消失了，取而代之的是清晰的影像。比如，在录制高速奔跑的人物时，由于双腿每次摆动的画面都是清晰的，就会看到很多条腿的画面，也就导致画面出现失真、不正常的情况。

因此，建议在录制视频时，快门速度最好不要高于最佳快门速度的2倍。

○ 当电影画面中的人物进行快速移动时，画面中出现动态模糊效果是正常的

手动曝光模式下拍摄视频时的快门速度

如果使用M挡手动曝光模式拍摄视频，可用的快门速度因指定的短片记录画质的帧频不同而不同。根据前面的理论，以佳能R5为例，其拍摄各类视频时的快门速度如下表所示。

帧频	快门速度（秒）		
	普通短片拍摄	高帧频短片拍摄	HDR短片拍摄
119.9P	-	1/4000 ~ 1/125	-
100.0P		1/4000 ~ 1/100	
59.94P	1/4000 ~ 1/8	-	
50.00P			
29.97P			1/1000 ~ 1/60
25.00P			1/1000 ~ 1/50
23.98P			

设置拍照与视频时都好用的对焦菜单功能

设置提示音方便确认对焦情况

在拍摄比较细小的物体时，是否正确合焦可能不容易从取景器及显示屏上分辨出来，这时可以开启"提示音"功能，以便确认相机合焦后迅速按下快门按钮，以得到清晰的画面。选择"关闭"选项，则不会发出提示音。

| 佳能R5相机设定步骤 | 尼康Z8相机设定步骤 | 索尼α7SⅢ相机设定步骤 |

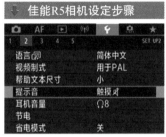

❶ 在**设置菜单2**中选择**提示音**选项

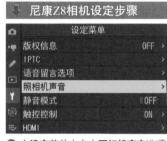

❶ 在**设定**菜单中点击**照相机声音**选项

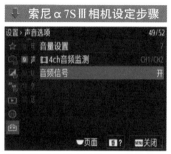

❶ 在**设置菜单**中的第9页**声音选项**中，点击选择**音频信号**选项

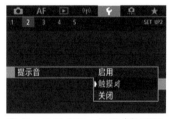

❷ 点击选择**启用**、**触摸**或**关闭**选项

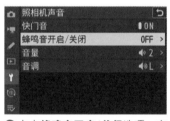

❷ 点击**蜂鸣音开启/关闭**选项，在下级界面中选择是否开启蜂鸣音功能

❷ 点击选择**开**或**关**选项，然后点击图标确定

100mm F5.6 1/400s ISO100

○ 拍摄微距画面时，开启提示音方便提醒用户是否对焦精确

开启对焦点显示

开启显示自动对焦点功能，播放照片时对焦点将以红色或绿色的小框显示，这时如果发现焦点不在希望合焦的位置上，可以重新拍摄。

佳能R5相机设定步骤	尼康Z8相机设定步骤	索尼α7SⅢ相机设定步骤

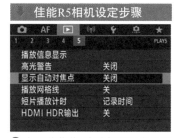 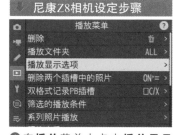 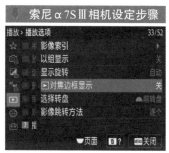

❶ 在**回放菜单5**中选择**显示自动对焦点**选项

❶ 在**播放**菜单中点击**播放显示选项**

❶ 在**播放菜单**中的第7页**播放选项**中，点击选择**对焦边框显示**选项

❷ 点击选择是否在回放照片时显示对焦点

❷ 点击勾选对焦点选项，选择完成后点击 MENU 完成 图标确定

❷ 点击选择是否在回放照片时显示对焦点

105mm F6.3 1/250s ISO100

○ 拍摄微距题材时，显示自动对焦点，方便拍摄者了解对焦情况

设置自动对焦辅助光辅助对焦

在弱光环境下，相机的自动对焦功能会受到很大影响，此时可以开启"自动对焦辅助光发光"功能，使相机的 AF 辅助照明灯发出红色光线，照亮被摄对象，以辅助相机进行自动对焦。

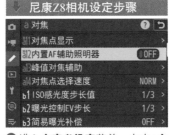

❶ 在**自动对焦菜单2**中选择**自动对焦辅助光发光**选项

❶ 进入**自定义设定**菜单，点击**a自动对焦**中的**a12 内置AF辅助照明器**选项

❶ 在**对焦菜单**中的第1页**AF/MF**中，点击选择**AF辅助照明**选项

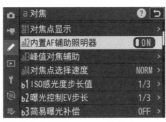

❷ 点击选择所需选项，然后点击 SET OK 图标确定

❷ 点击使其处于ON开启状态

❷ 点击选择**自动**或**关**选项

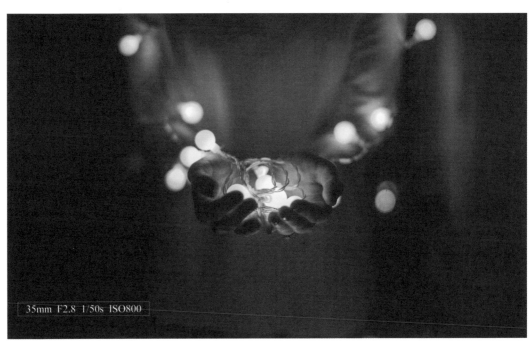

35mm F2.8 1/50s ISO800

○ 弱光环境下拍摄时，启用此功能可以提升自动对焦成功率

通过限制对焦区域模式加快操作速度

虽然佳能、尼康和索尼微单相机提供了多种自动对焦区域模式，但是每个人的拍摄习惯不同，拍摄题材各异，这些模式并非都是常用的，甚至有些模式几乎不会用到，因此可以在菜单中自定义选择所需的自动对焦区域选择模式，以简化拍摄时的操作。

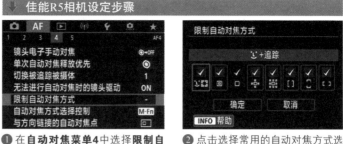

❶ 在**自动对焦菜单4**中选择**限制自动对焦方式**选项

❷ 点击选择常用的自动对焦方式选项，添加勾选标志，选择完成后点击选择**确定**选项

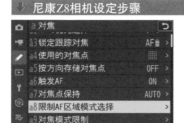

❶ 进入**自定义设定**菜单，点击**a自动对焦**中的**a8 限制AF区域模式选择**选项

❷ 点击勾选常用的自动对焦区域模式，选择完成后点击**MENU完成**图标确认

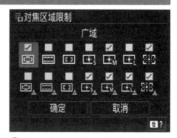

❶ 在**对焦菜单**中的第2页**对焦区域**中，点击选择**对焦区域限制**选项

❷ 点击选择要使用的模式选项，并添加勾选标志，完成后点击选择**确定**选项

设定对焦跟踪灵敏度，确保拍摄不同题材不丢焦

当有物体从拍摄对象与相机之间穿过时，可以通过菜单设置对焦的跟踪灵敏度。

数值向"锁定"/"延迟"端设置，相机反应越慢，原始被拍摄对象失焦的可能性就越小。

数值向"响应"/"快速"端设置，相机的反应速度越快，会更容易对焦在经过的物体上。

例如，在景区中给家人或朋友拍摄时，在镜头与被拍摄对象之间有可能会有其他游人经过，这时就要把此功能的灵敏度数值设置得低一些，使对焦点保持在被摄对象上，而不是别人一经过就切换对焦。

佳能R5相机设定步骤

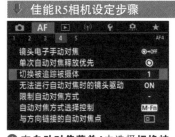
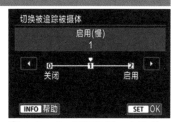

❶ 在**自动对焦菜单4**中选择**切换被追踪被摄体**选项

❷ 点击◀或▶图标选择一个选项，然后点击 SET OK 图标确定

> 提示：佳能R5相机的此功能在自动对焦方式设置为"面部+追踪""区域自动对焦"和"大区域自动对焦（垂直或水平）"时生效。

尼康Z8相机设定步骤

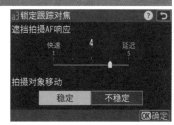

❶ 进入**自定义设定**菜单，点击**a自动对焦**中的**a3 锁定跟踪对焦**选项

❷ 点击选择所需的选项，然后点击 OK确定 确认

索尼α7SⅢ相机设定步骤

❶ 在**对焦菜单**中的第1页**AF/MF**中，点击选择**AF跟踪灵敏度**选项

❷ 点击选择所需的选项

在不同的拍摄方向上自动切换对焦点

在切换不同方向拍摄时，常常遇到的一个问题就是需要使用不同的自动对焦点。在实际拍摄时，如果每次切换拍摄方向时都重新选择对焦框或对焦区域，无疑是非常麻烦的。利用"换垂直和水平 AF 区"功能，可以实现在不同的拍摄方向拍摄时相机自动切换对焦框或对焦区域的目的。

■关：选择此选项，无论如何在横拍与竖拍之间进行切换，对焦框或对焦区域的位置都不会发生变化。

■仅AF点：选择此选项，相机可记住水平、垂直方向最后一次使用对焦框的位置。拍摄时，如果要改变相机的取景方向，相机会自动切换到相应方向记住的对焦框位置。但在此选项设置下，"对焦区域"是固定的。

■AF点+AF区域：选择此选项，相机可记住水平、垂直方向最后一次使用对焦框或对焦区域的位置。当拍摄改变相机的取景方向时，相机会自动切换到相应方向记住的对焦框或对焦区域位置。

尼康Z8相机设定步骤

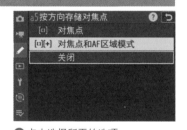

❶进入**自定义设定菜单**，点击**a自动对焦**中的**a5 按方向存储对焦点**选项

❷点击选择所需的选项

○当选择"AF 点 +AF 区域"选项时，每次水平握持相机时，相机都会自动切换到上次在此方向握持相机拍摄时使用的对焦框（或对焦区域）

○当选择"AF 点 +AF 区域"选项时，每次垂直方向（相机快门侧朝上）握持相机时，相机都会自动切换到上次在此方向握持相机拍摄时使用的对焦框（或对焦区域）

○当选择"AF 点 +AF 区域"选项时，每次垂直方向（相机快门侧朝下）握持相机时，相机都会自动切换到上次在此方向握持相机拍摄时使用的对焦框（或对焦区域）

索尼α7SⅢ相机设定步骤

❶在**对焦菜单**中的第2页**对焦区域**中，点击选择**换垂直和水平AF区**选项

❷点击选择所需选项

佳能R5相机设定步骤

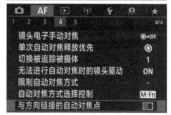

❶在**自动对焦菜单4**中选择**与方向链接的自动对焦点**选项

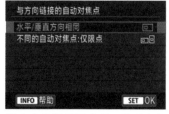

❷点击选择所需选项，然后点击 SET OK 图标确定

单次自动对焦模式下优先释放快门或对焦

佳能、尼康和索尼微单相机为单次自动对焦模式提供了优先释放对焦或快门设置选项，以便满足用户多样化的拍摄需求。

例如，在弱光拍摄环境或不易对焦的情况下，使用单次自动对焦模式拍摄时，也可能会出现无法迅速对焦而导致错失拍摄时机的问题，此时就可以在此菜单中进行设置。

选择"对焦"选项，相机将优先进行对焦，直至对焦完成后才会释放快门，因而可以清晰、准确地捕捉到瞬间影像。此选项的缺点是，可能会由于对焦时间过长而错失精彩的瞬间。选择"释放"选项，将在拍摄时优先释放快门，以保证抓取到瞬间影像，但可能会出现尚未精确对焦即释放快门，而导致照片脱焦变虚的问题。

在索尼相机中，还可以选择"均衡"选项，选择此选项后，相机将采用对焦与释放均衡的拍摄策略，以尽可能拍摄到既清晰又能及时捕捉精彩瞬间的影像。

佳能R5相机设定步骤	尼康Z8相机设定步骤	索尼α7SⅢ相机设定步骤

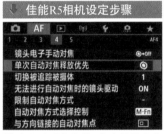  

❶ 在**自动对焦菜单4**中选择**单次自动对焦释放优先**选项

❶ 在**自定义设定**菜单，点击a**自动对焦**中的a**2 AF-S优先选择**选项

❶ 在**对焦菜单**中的第1页**AF/MF**中，点击选择**AF-S优先级设置**选项

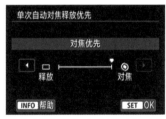  

❷ 点击◀或▶图标可以选择**对焦**或**释放**选项，然后点击 SET OK 图标确定

❷ 点击选择一个选项即可

❷ 点击选择所需的选项

20mm F22 4s ISO100

○ 大部分情况下，使用AF-S模式拍摄的都是静态照片，因此设为"对焦"选项即可

连续自动对焦模式下优先释放快门或对焦

在使用尼康或索尼相机的 AF-C 连续对焦模式拍摄动态的对象时，为了保证拍摄成功率，往往会与连拍模式组合使用，此时就可以根据个人的习惯来决定在拍摄照片时，是优先进行对焦，还是优先释放快门。

选择"对焦"选项，相机将优先进行对焦，直至对焦完成后，才会释放快门，因而可以清晰、准确地捕捉到瞬间的影像。适用于对清晰度有要求的题材。

选择"释放"选项，相机将优先释放快门，适用于无论如何都想要抓住瞬间拍摄机会的情况。但可能会出现尚未精确对焦即释放快门，从而导致照片脱焦的问题。

选择"对焦 + 释放"选项，相机将采用对焦与释放均衡的拍摄策略，以尽可能拍摄到既清晰又能及时捕捉到精彩瞬间的影像。

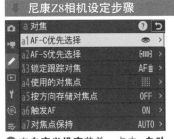
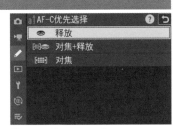

① 在**自定义设定**菜单，点击**a自动对焦**中的**a1 AF-C优先选择**选项

② 点击选择一个选项即可

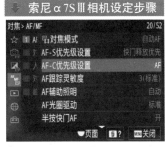

① 在**对焦菜单**中的第1页**AF/MF**中，点击选择**AF–S优先级设置**选项

200mm F4 1/250s ISO200

○ 可以根据拍摄对象的运动幅度来设定选项，例如，拍摄只是唱歌的舞台画面时，人物的动作幅度不会太大，此时可以设置为"对焦 + 释放"选项

② 点击选择所需的选项

注册自动对焦区域以便一键切换对焦点

在索尼微单相机时，如索尼 α7S Ⅲ 相机，可以利用"AF 区域注册功能"菜单先注册好使用频率较高的自动对焦点，然后利用"自定义键"菜单将某一个按钮的功能注册为"保持期间注册 AF 区域"或"切换注册的 AF 区域"选项，以便在以后的拍摄过程中，如果遇到了需要使用此自动对焦点才可以准确对焦的情况，通过按下自定义按钮，可以马上切换到已注册好的自动对焦点，从而使拍摄操作更加流畅、快捷。

索尼 α7S Ⅲ 相机设定步骤

❶ 在**对焦菜单**中的第2页**对焦区域**中，点击选择**AF区域注册功能**选项

❷ 点击选择**开**选项

❸ 回到显示屏拍摄界面，使用方向键选择所需的对焦框位置

❹ 长按Fn按钮注册所选的对焦框

❺ 在**设置菜单**中的第3页**操作自定义**中，点击选择**自定义键**选项

❻ 点击选择要注册的按钮选项（此处以自定义按钮2为例）

❼ 点击选择**对焦菜单**中的第2页**对焦区域**列表，点击选择**保持期间注册AF区域**或**切换注册的AF区域**选项

❽ 在拍摄时要使用此功能，只需要按第❻步中分配好功能的按钮，如在此处被分配好的是C2按钮

❾ 此时第❸步中定义的对焦点就会被激活，成为当前使用的对焦点

提示：佳能相机通过"自定义按钮"菜单，将"切换到已注册自动对焦功能"指定给支持的按钮，可以在拍摄照片时实现一键切换对焦点操作。尼康相机通过"f2：自定义控制（拍摄）"菜单，将"重新调用对焦位置"指定给某一个按钮，然后再通过"f2：自定义控制（拍摄）"菜单，将"存对焦位置"指定给某一个按钮，选择好对焦点位置并按住已指定"保存对焦位置"功能的按钮，按下已指定"重新调用对焦位置"功能的按钮即可一键切换对焦点操作。

对焦时人脸/眼睛优先

眼睛是心灵的窗户。在拍摄人像时，通常会对人眼进行对焦，从而让人物显得更有神采。但如果选择单个对焦点拍摄，并将该对焦点调整到人物眼部进行拍摄时，操作速度往往会比较慢。如果人物再稍有移动，还可能会造成对焦不准的情况。而使用佳能、尼康或索尼微单相机的人脸/眼部检测功能，可以既快速，又准确地对焦到脸部或者眼睛进行拍摄。

在佳能、尼康或索尼微单相机中，该功能不但支持人眼对焦，还支持动物眼睛对焦，对野生动物或宠物题材的拍摄，也非常有帮助。

设定当启用自动对焦时，是否检测对焦区域内的人脸或眼部，以及对眼部进行对焦（眼部自动对焦）。

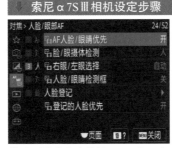

❶ 在**对焦菜单**中的第3页**人脸/眼部AF**中，点击选择**AF人脸/眼睛优先**选项

❷ 点击选择**开**或**关**选项

在佳能相机中，如佳能R5相机，提供了"眼睛检测"功能，可以在使用"😃+追踪"模式下，在拍摄人像或动物时只要相机识别到画面中有面部或眼睛，相机便会对人物或动物的眼睛进行对焦。

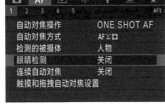

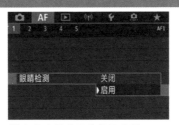

❶ 在**自动对焦菜单1**中选择**眼睛检测**选项

❷ 点击选择**启用**或**关闭**选项

❍ 拍摄时如果相机识别到眼睛，便会在眼睛周围显示自动对焦点，此时用户还可以点击切换对焦的眼睛

使用尼康相机时，如尼康Z8相机，当对焦区域模式设置为"宽区域AF(S)""宽区域AF(L)""宽区域 AF（C1）" "宽区域 AF（C2）" "3D 跟踪" "对象跟踪 AF"或"自动区域 AF"模式时，可以使用拍摄对象侦测功能，通过"AF拍摄对象侦测选项"菜单可以选择优先对焦的拍摄对象类别。

检测拍摄主体是人或动物

在索尼相机中，在启用人脸／眼部优先对焦功能时，可以通过"脸／眼摄体检测"菜单选择相机识别画面的主体是人物还是动物。

选择"人"选项时，在拍摄时相机识别人脸或眼睛进行对焦；选择"动物"选项时，在拍摄时相机只识别动物的眼睛以进行对焦，不会识别动物面部，也不会识别人脸。

在佳能相机中，如佳能R5，当自动对焦区域模式设置为"▣＋追踪"、区域自动对焦、大区域自动对焦（垂直/水平）模式时，此菜单可以设置相机在自动对焦时，是否优先识别画面中的人物或动物拍摄对象。

当选择了"无优先"选项时，相机将根据检测到的被摄体信息自动确定主要的被摄对象。

在尼康相机中，如尼康Z8相机，能够识别的对象类别比较丰富一些，可以在"AF拍摄对象侦测选项"菜单中选择"自动""人物""动物""交通工具""飞机"和"拍摄对象侦测关闭"，当相机检测到所选择的拍摄对象时，会显示一个对焦点标识。

■人物：选择此选项，相机检测到人脸时，对焦点会显示边框。若检测到眼部，则对焦点将出现在其中的一只眼睛上（脸部／眼

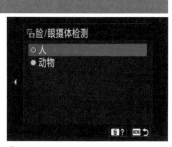

索尼α7SⅢ相机设定步骤

❶ 在**对焦菜单**中的第3页**人脸/眼部AF**中，点击选择**脸/眼摄体检测**选项　❷ 点击选择**人**或**动物**选项

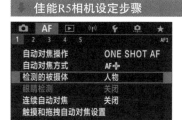

佳能R5相机设定步骤

❶ 在**自动对焦菜单1**中选择**检测的被摄体**选项　❷ 点击选择**人物**、**动物**或**无优先**选项

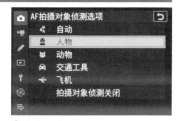

尼康Z8相机设定步骤

❶ 在**照片拍摄菜单**中选择**AF拍摄对象侦测选项**　❷ 点击选择所需的选项

部侦测自动对焦）。若在检测到脸部后，脸部移动，对焦点将移动以跟踪其动作。

■动物：选择此选项，可以检测到狗、猫或鸟，对焦点将出现在相关动物的脸上。

■交通工具：选择此选项，可以检测到汽车、摩托车、火车、飞机或自行车，对焦点将出现在相关车辆上。

■飞机：选择此选项，可以检测到飞机，根据飞机的尺寸，对焦点将出现在机身、机头或驾驶舱。

■自动：选择此选项，相机将侦测人物、动物和车辆并自动选择一个拍摄对象进行对焦。

■拍摄对象侦测关闭：选择此选项，则此功能禁用。

选择对焦到左眼或右眼

使用索尼微单相机时，当拍摄主体检测被设置为"人"时，通过此菜单选择要检测的眼睛。

选择"自动"选项，由相机自动选择眼睛进行对焦；选择"右眼"选项，相机将只检测被摄体的右眼（从拍摄者看来左侧的眼睛）进行对焦；选择"左眼"选项，只检测被摄体的左眼（从拍摄者看来右侧的眼睛）进行对焦。当拍摄主体检测设置为"动物"选项时，无法使用"右眼/左眼选择"选项。

佳能和尼康相机没有此菜单选项。

提示：为了在使用该功能时，能够更有效地对焦到人眼并进行拍摄，应该避免出现以下情况：① 被摄人物佩戴墨镜；② 刘海儿遮挡住了区分或全部眼睛；③ 人物处于弱光或者背光环境下；④人物没有睁开眼睛；⑤ 人物移动幅度较大；⑥人物处于阴影中。

↓ 索尼 α 7S Ⅲ 相机设定步骤

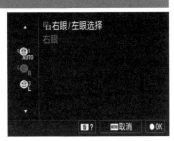

❶ 在**对焦菜单**中的第3页**人脸/眼部AF**中，点击选择**右眼/左眼选择**选项

❷ 点击选择所需的选项，然后点击 ●OK 图标确定

设置对焦时显示人脸或眼睛检测框

使用索尼微单相机时，人脸/眼睛检测框设定在检测到人的脸部或眼睛时，是否显示人脸检测框或眼部检测框。建议开启此功能，以便拍摄者了解对焦识别情况。

在佳能微单相机中没有此菜单选项，"眼睛检测"功能开启后，相机如果检测到人脸，会自动显示检测框。

↓ 索尼 α 7S Ⅲ 相机设定步骤

❶ 在**对焦菜单**中的第3页**人脸/眼部AF**中，点击选择**人脸/眼睛检测框**选项

❷ 点击选择**开**或**关**选项

○ 人脸检测框示意图

设置峰值对焦辅助

了解峰值作用

峰值是一种独特的、用于辅助对焦的显示功能，开启此功能后，在使用手动对焦模式进行拍摄时，如果被摄对象对焦清晰，则其边缘会出现标示色彩的轮廓，以方便拍摄者辨识。

索尼 α7S Ⅲ 相机设定步骤

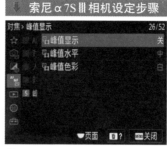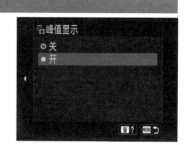

❶ 在**对焦菜单**中的第5页**峰值显示**中，点击选择**峰值显示**选项

❷ 点击选择**开**或**关**选项

尼康Z8相机设定步骤

○ 佳能相机峰值对焦示意图

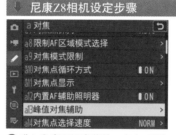
❶ 进入**自定义设定菜单**，点击**a对焦**中的**a13 峰值对焦辅助**选项

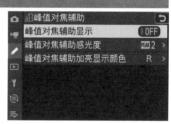
❷ 点击**峰值对焦辅助显示**选项，使其处于ON的开启状态

佳能R5相机设定步骤

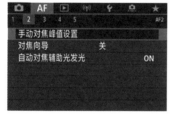
❶ 在**自动对焦菜单2**中选择**手动对焦峰值设置**选项

❷ 点击选择**峰值**选项

❸ 点击选择**开**或**关**选项

设置峰值强弱水准

通过菜单可以设置峰值显示的强弱程度，包含"高""中""低"3个选项，这3个选项分别代表不同的强度，等级越高，颜色标示越明显。

❶ 在**手动对焦峰值设置**菜单中选择**级别**选项　　❷ 点击选择**高**或**低**选项

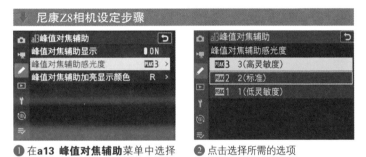

❶ 在**a13 峰值对焦辅助**菜单中选择**峰值对焦辅助感光度**选项　　❷ 点击选择所需的选项

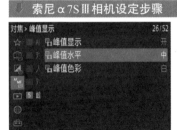

❶ 在**对焦菜单**中的第5页**峰值显示**中，点击选择**峰值水平**选项　　❷ 点击选择**高**、**中**或**低**选项

设置峰值色彩

通过菜单可以设置在开启峰值功能时，准确合焦的被拍摄对象边缘显示标示峰值的色彩。在拍摄时，需要根据被拍摄对象的颜色，选择与主体反差较大的色彩，例如，拍摄高调对象时，由于大面积为亮色调，而应该选择与被拍摄对象颜色反差较大的红色。

佳能R5相机设定步骤

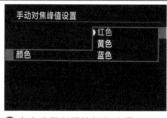

❶ 在**手动对焦峰值设置**菜单中选择**颜色**选项

❷ 点击选择所需的颜色选项

O 佳能 R5 相机峰值色彩显示为黄色的效果

尼康Z8相机设定步骤

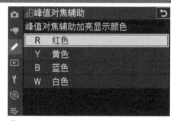

❶ 在**a13 峰值对焦辅助**菜单中选择**峰值对焦辅助加亮显示颜色**选项

❷ 点击选择所需的颜色选项

O 尼康 Z8 相机峰值色彩显示为蓝色的效果

索尼α7SⅢ相机设定步骤

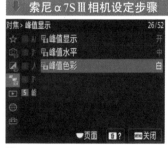

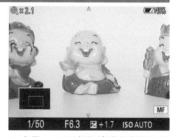

❶ 在**对焦菜单**中的第5页**峰值显示**中，点击选择**峰值色彩**选项

❷ 点击选择所需的颜色选项

O 索尼 α7S Ⅲ相机峰值色彩显示为蓝色的效果

设置对焦包围

在拍摄静物时，如淘宝商品，一般需要画面内容全部清晰，但有时即使缩小光圈，也不能保证画面中每个部分的清晰度都一样。此时，可以使用全景深的方法拍摄，然后通过后期处理得到画面全部清晰的照片。

全景深是指画面的每一处都是清晰的，要想得到全景深照片，需要先拍摄多张针对不同位置对焦的照片，然后再利用后期软件进行合成。

以前拍摄不同位置对焦的素材照片时需要手动调整，操作上较为烦琐，而在佳能相机中（如佳能R5相机）提供了方便实用的功能——对焦包围拍摄。该功能可以拍摄用于全景深合成的一组素材照片。利用"对焦包围拍摄"菜单，用户可以事先设置好拍摄张数、对焦增量、曝光平滑化等参数，从而让相机自动连续拍摄得到一组照片，省去了人工调整对焦点的操作。

> 提示：该功能对微距、静物商业摄影等非常有用，解决了微调对焦问题，然而不能在相机内将照片合成为一张全景深照片，仍需后期用软件进行合成。

佳能R5相机设定步骤

❶ 在**拍摄菜单5**中选择**对焦包围拍摄**选项

❷ 选择**对焦包围拍摄**选项

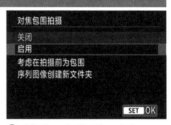

❸ 选择**启用**选项，然后点击 SET OK 图标确定

❹ 如果在步骤❷界面中选择了**拍摄张数**选项，在此界面中选择所需的拍摄张数，设定好后选择**确定**选项

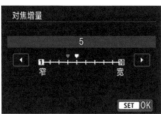

❺ 如果在步骤❷界面中选择了**对焦增量**选项，在此界面中指定对焦偏移的程度，然后点击 SET OK 图标确定

❻ 如果在步骤❷界面中选择了**曝光平滑化**选项，在此界面中可以选择**启用**或**关闭**选项

■ 对焦包围拍摄：选择此选项，可以启用或关闭对焦包围拍摄功能。

■ 拍摄张数：可以选择拍摄张数，最高可设为999张，根据所拍画面的复杂程度选择合适的拍摄张数即可。

■ 对焦增量：指定每次拍摄中对焦偏移的量。点击◀图标向窄端移动游标，可以缩小焦距步长；点击▶图标向宽端移动游标，可以增加焦距步长。

■ 曝光平滑化：选择"启用"选项，可以调整因改变对焦位置而使用的实际光圈值带来的曝光差异，抑制对焦包围拍摄期间画面亮度的变化。

在尼康相机中，如尼康Z8，也提供了类似的"焦距变化拍摄"功能，摄影师可以通过提前设置好的拍摄张数、焦距步长、到下一次拍摄的间隔等参数，使相机自动拍摄得到一组对焦位置不同的照片，省去了人工调整对焦点的操作。

■开始：选择此选项可以开始拍摄。相机将拍摄所选张数的照片，并在每次拍摄中以所量改变对焦距离。

■拍摄张数：可以选择拍摄张数，最高可达到约300张，根据所拍摄画面的复杂程度选择合适的拍摄张数即可。

■焦距步长：选择每次拍摄过程中对焦距离改变的量。点击◄图标向窄端移动游标，可以缩小焦距步长，点击►图标向宽端移动游标，可以增加焦距步长。如果使用短焦距的镜头拍摄微距画面，可以选择较小的焦距步长并增加拍摄张数。

■到下一次拍摄的间隔：点击▲或▼图标选择拍摄间隔时间，可以在00~30秒范围内选择。选择"00"能够以约5张/秒的速度拍摄照片。如果使用闪光灯拍摄，则需要选择足够长的间隔时间以供闪光灯充电。

尼康Z8相机设定步骤

❶ 在**照片拍摄**菜单中点击**焦距变化拍摄**选项

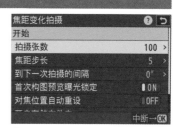

❷ 点击选择**拍摄张数**选项

❸ 点击▲和▼图标可以在1~300张之间选择所需的拍摄张数，然后点击OK确定图标确认

❹ 如果在步骤❷中选择了**焦距步长**选项，点击◄和►图标选择每次拍摄中对焦距离改变的量，然后点击OK确定图标确认

❺ 如果在步骤❷中选择了**到下一次拍摄的间隔**选项，点击选择一个间隔时间，然后点击OK确定图标确认

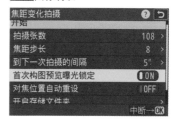

❻ 如果在步骤❷中选择了**首次构图预览曝光锁定**选项，点击使其处于**ON**的开启状态

❼ 如果在步骤❷中选择了**对焦位置自动重设**选项，点击使其处于**ON**的开启状态

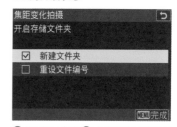

❽ 如果在步骤❷中选择了**开启存储文件夹**选项，点击勾选所需的选项，然后点击MENU完成图标确认。所有设定完成后，返回步骤❷界面，点击**开始**选项即可拍摄

■首次构图预览曝光锁定：选择"ON"选项，相机会将所有图像的曝光锁定为拍摄第一张照片时的设定；选择"OFF"选项，则相机在每次拍摄前调整画面曝光。

- 对焦位置自动重设：选择"ON"选项，当拍摄完当前序列中的所有照片时，对焦就会返回至开始位置。当连续多次以相同的对焦距离进行拍摄时，选择此选项无须每次都重新对焦；选择"OFF"选项，对焦保持固定在序列中最后一次拍摄的位置。
- 开启存储文件夹：选择"新建文件夹"选项，可以为每组照片新建立一个存储文件夹。选择"重设文件编号"选项，则可在新建一个文件夹时，将文件编号重设为0001。

设置手动对焦中自动放大对焦

索尼微单相机的手动对焦中自动放大对焦功能是在直接手动或手动对焦模式下，相机将在取景器或液晶显示屏中放大照片，以方便摄影师进行对焦操作。

当此功能被设置为"开"后，使用手动对焦功能时，只要转动控制环调节对焦，电子取景器或液晶显示屏中显示的图像就会被自动放大，如果需要，按控制拨轮上的中央按钮可以继续放大图像。观看放大显示的图像时，可以使用控制拨轮上的▲、▼、◀、▶方向键移动图像。

而佳能和尼康相机没有相关的菜单功能，但在手动对焦模式下，可以手动按下放大按钮来放大画面显示，以查看对焦情况。

① 在**对焦菜单**中的第4页**对焦辅助**中，点击选择**MF中自动放大对焦**选项

② 点击选择**开**或**关**选项

③ 选择"开"选项时，转动镜头上的控制环，照片自动被放大，按控制拨轮上的▲、▼、◀、▶方向键可详细检查对焦点位置是否清晰

90mm F5.6 1/640s ISO200

○ 在拍摄蝴蝶时可以开启"MF 中自动放大对焦"功能，将蝴蝶布满纹理的翅膀拍摄得更为清晰

设置对焦向导

佳能微单相机"对焦向导"是指示调整手动对焦的一种功能。开启该功能后，可以在屏幕上显示调整对焦的方向和所需调整量的向导框（此时不会显示对焦点）。

如果将自动对焦方式设置成了"😊+追踪"模式，并且开启了"眼睛检测"功能，向导框会显示在检测到的主要被摄对象的眼睛周围。

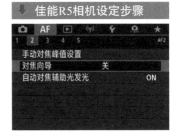

❶ 在**自动对焦菜单2**中选择**对焦向导** 选项

❷ 点击选择**开**或**关**选项

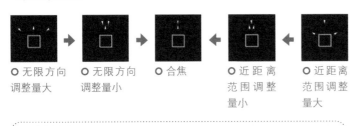

○ 无限方向调整量大　○ 无限方向调整量小　○ 合焦　○ 近距离范围调整量小　○ 近距离范围调整量大

> 提示：下列情况下不会显示向导框：①将镜头的对焦模式形状设置"AF"时；②放大显示时；③在偏移或倾斜TS-E镜头后，不会正确显示向导框。

60mm F6.3 1/320s ISO500

○ 利用"对焦向导"功能辅助对焦，从而获得清晰的微距照片

佳能微单相机开启短片伺服自动对焦

佳能最近几年发布的相机均具有视频自动对焦模式，即当视频中的对象移动时，能够对其自动跟焦，以确保被拍摄对象在视频中的影像是清晰的。

但此功能需要通过设置"短片伺服自动对焦"菜单来开启。

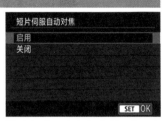

❶ 在**自动对焦菜单1**中选择**短片伺服自动对焦**选项

❷ 选择**启用**或**关闭**选项，然后点击 SET OK 图标确定

将"短片伺服自动对焦"菜单设为"启用"，即可在视频拍摄期间，即使不半按快门，也能根据被摄对象的移动状态不断调整对焦，以保证始终对被摄对象进行对焦。

但在使用该功能时，相机的自动对焦系统会持续工作，当不需要跟焦被摄体，或者将对焦点锁定在某个位置时，即可通过按下赋予了"暂停短片伺服自动对焦"功能的自定义按键来暂停该功能。

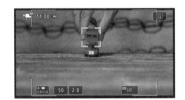

通过上面的图片可以看出，笔者拿着红色玩具小车不规则运动时，相机是能够准确跟焦的。

如果将"短片伺服自动对焦"菜单设为"关闭"，那么只有通过半按快门，或者在屏幕上单击对象时，才能够进行对焦。

例如在下面的图示中，第一次对焦于左上方的安全路障，如果不再次单击其他位置，对焦点会一直锁定在左上方的安全路障上。单击右下方的篮球后，焦点会重新对焦在篮球上。

设置视频自动对焦灵敏度和速度

自动对焦追踪灵敏度

当录制短片时，佳能微单相机在使用了短片伺服自动对焦功能的情况下，可以在"短片伺服自动对焦追踪灵敏度"菜单中设置自动对焦追踪灵敏度，当被摄对象偏离对焦点，或者在被摄对象与相机之间出现障碍对象时，对焦的反应速度。通过此参数的设置使相机"明白"，是忽略新被摄对象继续跟踪对焦被摄对象，还是对新被摄对象进行对焦拍摄。

灵敏度有7个等级，如果设置为偏向灵敏端的数值，那么当被摄对象偏离自动对焦点或者有障碍物从自动对焦点面前经过时，自动对焦点会对焦其他物体或障碍物。如果设置偏向锁定端的数值，则自动对焦点会锁定被摄对象，不会轻易对焦到别的位置。

当录制视频时，索尼微单相机通过"AF摄体转移灵敏度"菜单设置对焦点切换的灵敏度。数值向"1"端设置，灵敏度偏向锁定，设置的负数值越低，相机追踪其他被摄体的概率越小。数值向"5"端设置，灵敏度偏向响应，设置数值越高，则对焦越敏感。

尼康相机通过"AF侦测灵敏度"菜单设置，可以选择1（高）至7（低）之间的值，来改变对焦灵敏度。灵敏度越高，相机便会快速切换对焦到新被摄对象；灵敏度越低，相机则不会对焦到新被摄对象上，而是保持对焦在原被摄对象上。

在拍摄视频时，如果预判被拍摄主体前面会经过车、人、动物等对象，则应该将灵敏度设置低一些，以避免焦点被快速切换到无关的车、人、动物身上。

佳能R5相机设定步骤	尼康Z8相机设定步骤	索尼α7SⅢ相机设定步骤

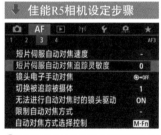

❶ 在**自动对焦菜单3**中选择**短片伺服自动对焦追踪灵敏度**选项

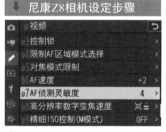

❶ 在**自定义设定**菜单点击**g视频**中的**g7 AF侦测灵敏度**选项

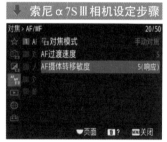

❶ 在**对焦菜单**中的第1页**AF/MF**中，点击选择**AF摄体转移灵敏度**选项

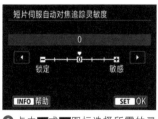

❷ 点击◀或▶图标选择所需的灵敏度等级，然后点击 SET OK 图标确定

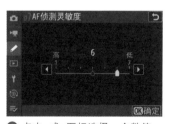

❷ 点击◀或▶图标选择一个数值，然后点击 OK确定 图标确定

❷ 点击+或–图标选择所需的数值，然后点击 OK 图标确定

自动对焦速度

当启用"短片伺服自动对焦"功能时，可以在"短片伺服自动对焦速度"菜单中设定在录制短片时短片伺服自动对焦功能的对焦速度和应用条件。

■ 启用条件：选择"始终开启"选项，那么在"自动对焦速度"选项中的设置，将在拍摄短片之前和在拍摄短片期间都有效。选择"拍摄期间"选项，那么在"自动对焦速度"选项中的设置仅在拍摄短片期间生效。

■ 自动对焦速度：可以将自动对焦转变速度从标准速度调整为"慢"（七个等级之一）或"快"（两个等级之一），以获得所需的短片效果。

佳能R5相机设定步骤

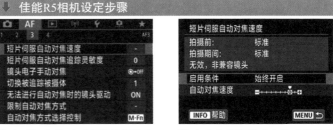

❶ 在**对焦菜单3**中选择**短片伺服自动对焦速度**选项

❷ 点击**启用条件**或**自动对焦速度**选项

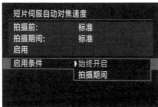

❸ 选择**始终开启**或**拍摄期间**选项

❹ 若在步骤❷中选择了**自动对焦速度**选项，点击◀或▶图标切换选择对焦的速度，然后点击[SET OK]图标确定

索尼微单相机通过"AF过渡速度"菜单，可以设置录制视频时自动对焦的速度。

用户可以在低速和高速之间选择自动对焦速度。当使用较低的数值时，获得对焦的速度比较慢，画面主体慢慢由虚变实，犹如电影变焦效果，视觉效果令人舒适。而当使用较高的数值时，主体对焦速度很快，因此画面的虚实感切换得也较快，有时会显得突兀，所以此选项要根据拍摄的内容、表现的情绪与节奏来选择。

索尼α7S Ⅲ相机设定步骤

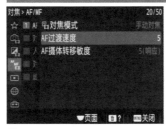

❶ 在**对焦菜单**中的第1页**AF/MF**中，点击选择**AF过渡速度**选项

❷ 点击+或−图标选择所需的数值，然后点击图标确定

尼康微单相机通过"AF速度"菜单选择视频模式下的对焦速度，用户可以在"慢速（-5）"和"快速（+5）"之间选择自动对焦速度。

还可以设置自动对焦速度的应用条件，如果选择"始终"选项，则每当相机切换到视频拍摄模式时，都将以所选数值的对焦速度进行对焦；如果选择"仅录制期间"选项，则仅在视频录制期间，以所选数值的对焦速度进行对焦，在非视频录制期间以"+5"的最快速度进行对焦。

尼康Z8相机设定步骤

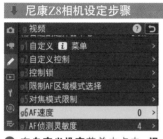
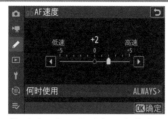

❶ 在**自定义设定**菜单中点击**g视频**中的**g6 AF速度**选项

❷ 点击◀或▶图标选择一个数值，然后点击**OK确定**图标确定

❸ 若在步骤❷中选择了**何时使用**选项，点击选择所需的选项

跟踪被拍摄对象

尼康微单相机在视频拍摄模式下，将自动对焦区域模式设置为"对象跟踪AF"时，相机可以跟踪对焦拍摄对象。将对焦点对准拍摄对象，按下 OK 按钮启用"跟踪对焦"功能，对焦点将变为瞄准网格，将瞄准网格置于被拍摄对象上，按下 OK 按钮、AF-ON 按钮或半按快门按钮将启动跟踪，此时被拍摄对象移动或相机移动，只要幅度不太大，均可以使对焦点锁定跟踪在被拍摄对象身上，若要结束跟踪，并选择中央对焦点，按下 OK 按钮即可。

尼康Z8相机设定步骤

❶ 在**视频拍摄**菜单中点击**AF区域模式**选项

❷ 点击**对象跟踪AF**选项

○ 设为对象跟踪 AF 模式后的拍摄界面

设置录音参数并监听现场音

使用相机内置的麦克风可录制单声道声音。通过将带有立体声微型插头（直径为3.5mm）的外接麦克风连接至相机，可以录制立体声。配合"录音"菜单中的参数设置，可以实现多样化的录音控制。

录音

佳能微单相机在"录音"菜单中选择"自动"选项，相机将会自动调节录音音量；选择"手动"选项，可以在"录音电平"界面中将录音音量的电平调节为 64 个等级之一，适用于高级用户；选择"关闭"选项，相机将不会记录声音。

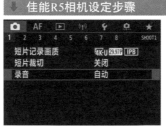

❶ 在**拍摄菜单1**中选择**录音**选项

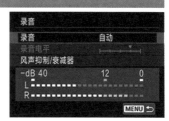

❷ 选择不同的选项，即可进入修改参数界面

尼康微单相机使用相机内置麦克风可录制单声道声音。通过将带有立体声微型插头的外接麦克风连接至相机，可以录制立体声。在"麦克风灵敏度"菜单中选择"自动"选项，相机会自动调整灵敏度。选择"手动"选项，可以手动调节麦克风的灵敏度。选择"麦克风关闭"选项，可关闭麦克风。

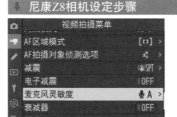

❶ 在**视频拍摄**菜单中点击**麦克风灵敏度**选项

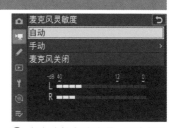

❷ 点击选择**自动**选项，可由相机自动控制麦克风的录音灵敏度

❸ 若在步骤❷中选择**手动**选项，点击▲或▼图标选择麦克风的录音灵敏度，然后点击 OK确定 图标确定

❹ 若在步骤❷中选择**麦克风关闭**选项，则禁止相机在拍摄视频时录制声音

在索尼微单相机中，录音设置分为两个菜单，在录制视频时，通过"录音"菜单设置是否录制现场的声音。

当开启录音功能后，再通过"录音音量"菜单设置录音的等级。

录制现场声音较大的视频时，设定较低的录音电平可以记录具有临场感的音频。

录制现场声音较小的视频时，设定较高的录音电平可以记录容易听取的音频。

↓ 索尼α7SⅢ相机设定步骤

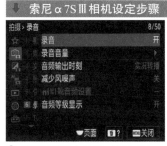

❶ 在**拍摄菜单**中的第6页**录音**中，点击选择**录音**选项

❷ 点击选择**开**或**关**选项

❶ 在**拍摄菜单**中的第6页**录音**中，点击选择**录音音量**选项

❷ 点击+或-图标选择所需等级，然后点击■OK图标确定

风声抑制 / 衰减器

在佳能微单相机中，将"风声抑制"设置为"启用"选项时，可以降低户外录音时的风噪声，包括某些低音调噪声（此功能只对内置麦克风有效）；在无风的场所录制时，建议选择"关闭"选项，以便能录制到更加自然的声音。

在拍摄前，即使将"录音"设定为"自动"或"手动"，如果有非常大的声音，仍然可能导致声音失真。在这种情况下，建议将"衰减器"设定为"启用"。

↓ 佳能R5相机设定步骤

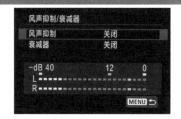

❶ 在**拍摄菜单1**中选择**录音**选项，然后选择**风声抑制/衰减器**选项

❷ 点击选择**风声抑制**或**衰减器**选项

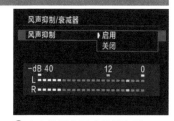

❸ 点击选择**启用**或**关闭**选项

与佳能"风声抑制"相同作用的功能，在索尼微单相机中称为"减少风噪声"。在尼康微单相机中称为"降低风噪"。

❶ 在**拍摄菜单**中的第6页**录音**中，点击选择**减少风噪声**选项

❷ 点击选择**开**或**关**选项

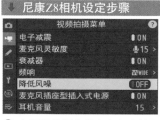 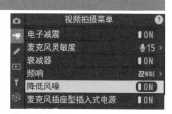

❶ 在**视频拍摄**菜单中点击**降低风噪**选项

❷ 点击使其处于ON开启的状态

开启尼康微单相机的"衰减器"菜单功能后，可以在喧闹的环境下录制视频时降低麦克风增益，防止音频失真。

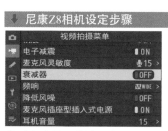 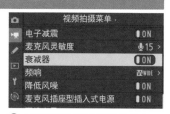

❶ 在**视频拍摄**菜单中点击**衰减器**选项

❷ 点击使其处于ON开启的状态

频响

尼康微单相机的"频响"菜单用于选择内置和外置麦克风录制声音的频率范围。

选择"宽范围"可以录制更宽范围频率的声音，能录制从音乐到喧嚣街道的任何声音。如果录制人声，可以选择"音域"选项。

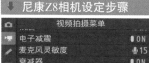 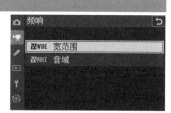

❶ 在**视频拍摄**菜单中点击**频响**选项

❷ 点击选择**宽范围**或**音域**选项

监听视频声音

在录制保留现场声音的视频时，监听视频声音非常重要，而且这种监听需要持续整个录制过程。

因为在使用收音设备时，有可能因为没有更换电池，或者其他未知因素，导致现场声音没有被录入视频。

有时现场可能会有很低的噪声，确认这种声音是否会被录入视频的方法就是在录制时监听。另外，也可以通过回放来核实。

通过将配备有 3.5mm 直径微型插头的耳机连接到相机的耳机端子上，即可在拍摄短片期间听到声音。如果使用的是外接立体声麦克风，则可以听到立体声。

◎ 佳能 R5 相机的耳机端子　　　◎ 索尼 α7S Ⅲ 相机的耳机端子　　　◎ 尼康 Z8 相机的耳机端子

设置拍摄视频短片的相关参数

灵活运用相机的防抖功能

佳能微单相机配置了图像稳定器，当在短片拍摄模式下启用相机的"影像稳定器模式"功能后，可以在短片拍摄期间以电子方式校正相机的抖动，即使使用没有防抖功能的镜头，也能校正相机的抖动，从而获得清晰的短片画面。

当使用配备有内置光学防抖功能的镜头时，请将镜头的防抖开关置于"ON"位置，以获得更强大的相机防抖效果；如果将镜头的防抖开关置于"OFF"位置，短片数码 IS 功能将不再起作用。

佳能R5相机设定步骤

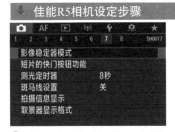  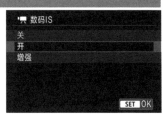

❶ 在**拍摄菜单7**中选择**影像稳定器模式**选项

❷ 在**影像稳定器模式**中选择**开**或**关**选项

❸ 在**数码IS中**选择**开**或**关**选项，然后点击 SET OK 图标确定

在索尼微单相机中通过开启"SteadyShot"功能来获得视频拍摄的减震效果。包含"增强""标准"和"关"选项，选择"增强"选项，拍摄视角会变小。

在视频拍摄模式下，开启尼康微单相机"电子减震"功能可以与"减震"菜单中Sport运动减震模式搭配使用，组成复合 VR 减震，以获得更为明显的减震效果。

开启此功能后，在拍摄视频过程中，会校正相机抖动以获得清晰的画面，不过拍摄视角将会缩小，并且将略微放大画面。

索尼α7SⅢ相机设定步骤

❶ 在**拍摄菜单**中的第8页**影像稳定**中，点击选择**SteadyShot**选项

❷ 点击选择所需的选项

尼康Z8相机设定步骤

 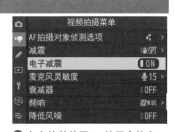

❶ 在**视频拍摄**菜单中点击**电子减震**选项

❷ 点击使其处于ON的开启状态

定时自拍视频

与"自拍"驱动模式一样，在拍摄短片时，部分佳能微单相机也支持自拍。应用这个功能后，摄影师可以独立完成视频拍摄。

佳能R5相机设定步骤

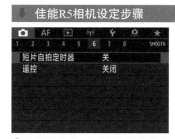 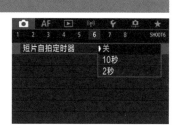

❶ 在**拍摄菜单6**中选择**短片自拍定时器**选项

❷ 选择**关**或**10秒、2秒**选项

高分辨率数字变焦

使用尼康微单相机拍摄视频时，如尼康Z8相机，如果开启"高分辨率数字变焦"功能，即使在没有使用变焦镜头的情况下，也可放大画面。

启用此功能后，液晶显示屏会出现一个🔲图标，此时按◀及▶方向键，即可放大或缩放画面，放大或缩小时会通过一个指示条显示变焦倍率，最大可以放大至2倍。

需要注意的是，要启用此功能，需要满足以下三个条件。

■ 图像区必须是FX。

■ 视频文件类型不可以是RAW格式。

■ 画面尺寸不可是8K。

否则此菜单将呈现为灰色的不可选用状态。

尼康Z8相机设定步骤

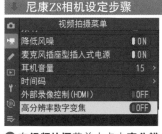 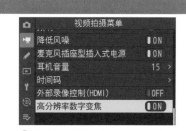 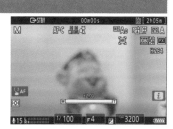

❶ 在**视频拍摄**菜单中点击**高分辨率数字变焦**选项

❷ 点击使其处于ON的开启状态

○ 在进行高分辨率数字变焦时，液晶显示屏上会出现放大指示条

利用斑马线定位过亮或过暗区域

拍摄照片时有高光警告提示曝光区域，而使用佳能和索尼微单相机录制视频时，同样提供了能帮助用户查看画面曝光的斑马线。

虽然通过直方图也可以看出画面曝光过度的区域，但直方图指示的区域不直观，而如果开启了"斑马线"功能，可以很直观地帮助用户发现所拍摄照片或视频中曝光过度和曝光不足的区域，当画面中出现斑马线区域，即表示该区域存在曝光过度或曝光不足，如果想要表现该区域的细节，就需要适当减少曝光或增加曝光。

通过"斑马线设置"菜单，佳能微单相机的用户可以指定在什么亮度级别的图像区域上方或周围显示斑马线图案，从而精确定位过亮或过暗的区域。

佳能R5相机设定步骤

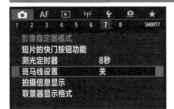

❶ 在**拍摄菜单7**中选择**斑马线设置**选项

❷ 选择**斑马线**选项

❸ 选择**开**或**关**选项

❹ 如果在步骤❷中选择了**斑马线图案**选项，在此可以选择显示哪种斑马线

❺ 如果在步骤❷中选择了**斑马线1级别**选项，在此可以选择斑马线1的显示级别

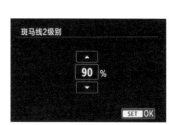

❻ 如果在步骤❷中选择了**斑马线2级别**选项，在此可以选择斑马线2的显示级别

■斑马线：选择"开"选项，启用斑马线功能；选择"关"选项，关闭斑马线功能。

■斑马线图案：可以选择斑马线1、斑马线2或斑马线1+2的显示模式。选择"斑马线1"选项，在具有指定亮度的区域周围显示向左倾斜的条纹；选择"斑马线2"选项，在超过指定亮度的区域周围显示向右倾斜的条纹；选择"斑马线1+2"选项，将同时显示两种斑马线，当两种区域重叠时，将显示重叠的斑马线。

■斑马线1级别：设定斑马线1的显示级别。当超过设定的数值时，画面中即显示斑马线1。

■斑马线2级别：设定斑马线2的显示级别。当超过设定的数值时，画面中即显示斑马线2。

○ 斑马线 1 的显示效果

在索尼微单相机中,分别在"斑马线显示"和"斑马线水平"两个菜单中设置。先通过"斑马线显示"菜单选择是否显示斑马线。

然后在"斑马线水平"菜单中,选择斑马线的显示级别,可以在 70~100+ 的数值之间选择,也可以通过 C1 或 C2 选项,自定义设置在标准曝光、曝光过度或者曝光不足时显示斑马线的数值。多少数值的斑马线为标准曝光、曝光过度或者曝光不足的界线,需要用户去反复地实践,不同的液晶显示屏或者画面拍摄需求,都可能会影响到斑马线数值的设定。

⬇ 索尼 α7SⅢ 相机设定步骤

❶ 在**曝光/颜色菜单**中的第7页**斑马线显示**中,点击选择**斑马线显示**选项

❷ 点击选择**开**或**关**选项,然后点击 OK 图标确定

❸ 在**曝光/颜色菜单**中的第7页**斑马线显示**中,点击选择**斑马线水平**选项

❹ 在左侧列表中上下触摸滑动,然后点击选择一个数值

❺ 如果选择**C1**或**C2**选项,用户可以在此设定一个斑马线数值范围,设定完成后点击 OK 图标确定

提示:根据笔者的拍摄经验,如果拍摄人像,标准曝光的斑马线亮度一般在60~70。所以,通过C1或C2选项,自定义斑马线的标准曝光的显示亮度为60,然后设置一个 ±5的范围,这样,当斑马线显示时,就能知道画面是标准曝光了。

录制延时视频

虽然现在的新款手机普遍具有拍摄延时视频的功能，但可控参数较少、画质不高，因此，如果需要拍摄更专业的延时短片，还是需要使用相机的。

佳能微单相机设置延时短片

下面以佳能 R5 相机为例，详细讲解如何利用"延时短片"功能拍摄一条无声的视频短片。

❶ 在**拍摄菜单5**中选择**延时短片**选项

❷ 选择**延时**选项

❸ 选择**启用**选项

❹ 启用延时短片功能后，可以对间隔、张数、短片记录尺寸、自动曝光、屏幕自动关闭及拍摄图像的提示音进行设置

❺ 若在步骤❹中选择**间隔**选项，可以点击间隔数字框，然后点击■或■图标选择所需的间隔时间，设置完成后点击**确定**按钮

❻ 若在步骤❹中选择**张数**选项，点击张数数字框，然后点击■或■图标选择所需的张数，设置完成后点击**确定**按钮

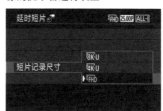

❼ 若在步骤❹中选择了**短片记录尺寸**选项，可以选择所需的选项

❽ 若在步骤❹中选择了**自动曝光**选项，在此点击所需的选项

❾ 若在步骤❹中选择了**屏幕自动关闭**选项，在此选择**启用**或**关闭**选项

❿ 若在步骤❹中选择了**拍摄图像的提示音**选项，在此选择**启用**或**关闭**选项

- 延时：选择"启用"选项，激活延时短片功能；选择"关闭"选项，则关闭延时短片功能。
- 间隔：可在"00：00：02"至"99：59：59"之间设定间隔时间。
- 拍摄张数：可在"0002"至"3600"张之间设定拍摄张数。如果设定为"3600"，在NTSC模式下生成的延时短片将约为2分钟，在PAL模式下生成的延时短片将约为2分24秒。
- 短片记录尺寸：选择"8K·U"选项，将以8K（7680×4320）画质拍摄比例为16：9的延时短片；选择"4K·U"选项，将以4K（3840×2160）画质拍摄比例为16：9的延时短片；选择"FHD"选项，将以全高清（1920×1080）画质拍摄比例为16：9的延时短片。不管选择哪个选项，在NTSC模式下，均录制帧频为29.97帧/秒的视频，在PAL模式下，均录制帧频25.00帧/秒的视频，并且视频采用ALL-I方式压缩，录制格式为MP4。
- 自动曝光：选择"固定第一帧"选项，当拍摄第一张照片时，会根据测光自动设定曝光，首次拍摄设置的曝光和其他拍摄设定将被应用到后面的拍摄中；选择"每一帧"选项，则每次拍摄都将根据测光自动设定合适的曝光。
- 屏幕自动关闭：选择"关闭"选项，在延时短片拍摄期间，屏幕上会显示图像。不过，在开始拍摄大约30分钟后屏幕显示会关闭；选择"启用"选项，将在开始拍摄约10秒后关闭屏幕显示。
- 拍摄图像的提示音：选择"关闭"选项，在拍摄时不会发出提示音；选择"启用"选项，则每次拍摄时都会发出提示音。

完成设置后，相机会显示按拍摄预计需要多长时间，以及当前制式的放映时长。如果录制的延时场景时间跨度较大（如持续几天）则"间隔"值可以适当加大。如果希望拍摄延时视频时景物的变化细腻一些，则可以加大"拍摄张数"值。

尼康微单相机设置延时摄影视频

尼康微单相机延时视频的菜单设置与佳能相机差不多，通过"延时摄影视频"菜单可以设置以下参数。

- 开始：开始定时录制。选择此选项后将会在大约3秒后开始拍摄，并在选定的拍摄时间内以所选间隔时间持续拍摄。
- 间隔时间：选择两次拍摄之间的间隔时间，时间设置为n分n秒。
- 拍摄时间：选择定时动画的总拍摄时间，设置为n小时n分。
- 曝光平滑：选择"ON"选项，可以在除M以外的曝光模式下使用"曝光平滑"过渡功能。如果想在M模式下使用"曝光平滑"功能，则需要开启"ISO感光度自动控制"功能。
- 选择图像区域：可以为延时视频选择FX或DX图像区域。
- 视频文件类型：为最终视频选择视频文件类型，可以选择H265 8位（MOV）或H264 8位（MP4）。
- 画面尺寸/帧频：用于确定最终成生的延时视频的画面尺寸和帧频。

❶ 在**照片拍摄**菜单中点击**延时摄影视频**选项

❷ 点击选择**间隔时间**选项

■间隔优先：如果使用P和A挡曝光模式拍摄，可在此选项中设置是优先曝光时间还是优先间隔时间。选择"ON"选项可确保画面以所选间隔时间进行拍摄，选择"OFF"选项则可以确保画面正确曝光。

■在每次拍摄之前对焦：不建议开启此选项，以避免由于对焦失误导致拍摄出来的照片部分失焦，或者景深深浅不一。

■目标位置：当相机插有两张存储卡时，在此选项中，选择哪个插槽中的存储卡用于录制延时摄影视频。

索尼微单相机设置间隔拍摄功能

索尼微单相机没有直接拍摄延时视频的菜单功能，但可以利用"间隔定时器"功能，设定每隔一定的时间拍摄一张照片，最终形成一组完整的照片，用这些照片生成延时视频。如果以索尼α7S Ⅲ微单相机拍摄，相机约有1210万的有效像素，再搭配使用高分辨率的索尼镜头，这样拍摄出来的系列照片，后期利用 Imaging Edge Desktop 软件可以制作出具有精致细节的延时视频。

↓ 索尼α7S Ⅲ相机设定步骤

❶ 在**拍摄菜单**中的第5页**拍摄模式**中，点击选择**间隔拍摄功能**选项

❷ 点击选择**间隔拍摄**选项

❸ 点击选择**开**选项

索尼微单相机在"间隔拍摄功能"菜单中可以设置的参数如下。

■间隔拍摄：若选择"开"选项，将在所选时间开始间隔拍摄；若选择"关"选项，则关闭间隔拍摄功能。

■选择开始时间：设定从按快门按钮到开始间隔拍摄之间的时间间隔。可以设定在1秒~99分59秒之间。

■拍摄间隔：选择两次拍摄之间的间隔时间。时间可以在1~60秒之间设定。

■拍摄次数：选择间隔拍摄的张数。可以在1~9999张之间设定。

■AE跟踪灵敏度：在间隔拍摄过程中，画面的自动曝光随着环境亮度变化而做出调整。用户可以选择高、中、低的曝光跟踪灵敏度。如果选择"低"选项，则间隔拍摄过程中的曝光变化将变得更加平滑。

■间隔内的快门类型：选择间隔拍摄过程中是使用机械快门还是电子快门拍摄。

■拍摄间隔优先：如果使用P和A挡曝光模式拍摄，并且快门速度变得比"拍摄间隔"中设定的时间更长时，是否以拍摄间隔优先。选择"开"选项可确保画面以所选间隔时间进行拍摄，选择"关"选项则可以确保画面正确曝光。

录制高帧频短片

让视频短片的视觉效果更丰富的方法之一，就是调整视频的播放速度，使其加速或减速，呈现快放或慢动作效果。

加速播放视频的方法很简单，通过后期处理将时长1分钟的视频压缩在10秒内播放完毕即可。

而要获得高质量的慢动作视频效果，则需要在前期录制出高帧频视频。例如，在默认情况下，以 25 帧 / 秒的帧频录制视频，1 秒只能录制 25 帧画面，回放时也是 1 秒。

但如果以100帧/秒的帧频录制视频，则1秒可以录制100帧画面，所以，当以常规25帧/秒的速度播放视频时，1秒内录制的视频则在播放时延续4秒，就会呈现出电影中常见的慢动作效果。

这种视频效果特别适合表现那些重要的瞬间或高速运动的拍摄题材，如飞溅的浪花、腾空的摩托车和起飞的鸟儿等。

以佳能R5相机为例，其可以录制 4K·D 119.9P ALL-I / 4K·U 119.9P ALL-I 或 4K·D 100.0P ALL-I / 4K·U 100.0P ALL-I 画质的高帧率视频。

⬇ 佳能R5相机设定步骤

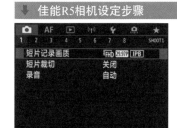

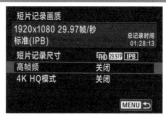

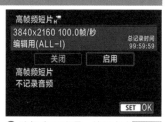

❶ 在**拍摄菜单1**中选择**短片记录画质**选项

❷ 选择**高帧频**选项

❸ 选择**启用**选项，然后点击 SET OK 图标确定

索尼微单相机通过"慢和快设置"菜单设置参数，支持 4K 画质的 120p 高帧率视频拍摄。

⬇ 索尼α7S Ⅲ 相机设定步骤

❶ 在**拍摄菜单**中的第1页**影像质量**中，点击选择 S&Q **慢和快设置**选项

❷ 点击选择**记录帧速率**选项

❸ 点击选择所需的选项

使用尼康微单相机（如尼康 Z8），可以选择 100P 或 120P 录制高帧频视频。

要注意的是，仅当"视频文件类型"选择为"N-RAW 12 位""H265 10 位"或"H265 8 位"选项时，可以选择 120P 或 100P 的帧频选项，可以选择的画面尺寸有 4128×2322、3840×2160 和 1920×1080。

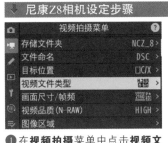

❶ 在**视频拍摄**菜单中点击**视频文件类型**选项

❷ 点击 **H.265 10位**或 **H.265 8位**选项，然后点击 OK确定 图标确定

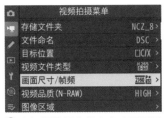

❸ 在**视频拍摄**菜单中点击**画面尺寸/帧频**选项

❹ 点击选择所需的慢动作选项

录制 HDR 短片

HDR 短片适用于高反差场景，其能够较好地保留场景中的高光与阴影中的细节。佳能微单相机在"HDR 短片记录"菜单中选择"启用"选项后，按照普通短片的录制流程拍摄即可。

不过，由于 HDR 的工作模式是多帧进行合并以创建 HDR 短片，所以短片的某些部分可能会出现失真的现象。为了减少这种失真现象，推荐使用三脚架稳定相机拍摄。HDR 短片的画质为全高清，帧频为 29.97 帧/秒（NTSC）或 25.00 帧/秒（PAL），压缩方式为 IPB（标准）。

当启用"短片数码 IS""延时短片""高光色调优先""Canon Log 设置"或"HDR PQ 设置"功能时，HDR 短片拍摄功能不可用。

索尼微单相机当在"图片配置文件"菜单中选择了"PP10"预设，或者选择了"HLG""HLG1""HLG2""HLG3"中的伽马时，相机可录制 HDR 视频。

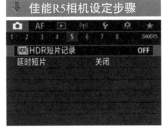

❶ 在**拍摄菜单5**中选择 **HDR 短片记录**选项

❷ 选择**启用**选项，然后点击 SET OK 图标确定

第9章

用 Wi-Fi 功能连接手机

及 USB 流式传输

佳能通过智能手机遥控相机的操作方法

在智能手机上安装Camera Connect程序

使用智能手机遥控佳能微单相机时，需要在智能手机中安装Camera Connect程序。Camera Connect程序可在相机与智能设备之间建立双向无线连接。可将使用相机拍摄的照片下载至智能设备，也可以在智能设备上显示相机镜头视野，从而遥控照相机。

用户可以从佳能官方网站下载Camera Connect的安卓和iOS版本。下面以佳能R5相机为例，讲解用Wi-Fi功能将相机连接至智能手机的操作方法。

O Camera Connect 程序图标

在相机上进行相关设置

如果要将智能手机与相机的Wi-Fi相连接，需要先在相机菜单中对Wi-Fi功能进行一定的设置，具体操作流程如下。

启用Wi-Fi功能

在这个步骤中，要完成的任务是在相机中开启Wi-Fi功能。

↓ 佳能R5相机设定步骤

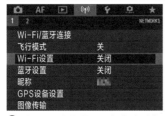

❶ 在**无线功能菜单1**中点击选择**Wi-Fi设置**选项

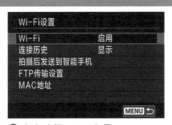

❷ 点击选择**Wi-Fi**选项

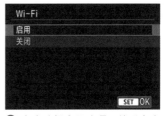

❸ 点击选择**启用**选项，然后点击 SET OK 图标确认

启用蓝牙

在这个步骤中，要完成的任务是在相机中开启蓝牙功能。蓝牙与手机配对后，连接更为稳定。

↓ 佳能R5相机设定步骤

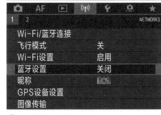

❶ 在**无线功能菜单1**中点击选择**蓝牙设置**选项

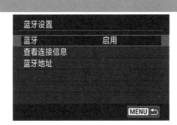

❷ 点击选择**蓝牙**选项

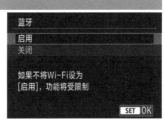

❸ 点击选择**启用**选项，然后点击 SET OK 图标确认

连接至智能手机

在这个步骤中，要完成的任务是将佳能R5相机的Wi-Fi网络连接设备选择为智能手机，并且进行连接。

▼ 佳能R5相机设定步骤

❶ 在**无线功能菜单1**中点击选择**Wi-Fi/蓝牙连接**选项

❷ 点击选择**连接至智能手机**图标

❸ 在此界面中点击选择**添加要连接的设备**选项

❹ 如果手机已安装了Camera Connect软件，点击选择**不显示**选项；如未安装，则选择手机所用的系统选项，然后用手机扫描屏幕上显示的二维码，下载并安装该软件

❺ 选择**通过Wi-Fi连接**选项，然后点击 SET OK 图标确认

❻ 开始进行配对

智能手机接入连接的相机

完成上述步骤的设置工作后，需要打开手机的Wi-Fi功能，以接入佳能R5相机的Wi-Fi。

▼ 佳能R5相机设定步骤

❶ 在手机上搜索相机上显示的Wi-Fi名称，输入密码进行连接

❷ 在相机上点击**确定**选项

❸ 提示已连接成功后，便可以在手机上操作了

用智能手机进行遥控拍摄

使用Wi-Fi功能将相机连接到智能手机后，选择Camera Connect软件中的"遥控实时显示拍摄"选项即可启动实时显示遥控功能。智能手机屏幕将显示实时显示画面，用户还可以在拍摄前进行设置，如光圈、快门速度、ISO、曝光补偿、驱动模式和白平衡模式等参数。

佳能R5相机设定步骤

❶ 在连接上相机Wi-Fi网络的情况下，选择软件界面中的**遥控实时显示拍摄**选项

❷ 在手机中将实时显示图像，点击图中红色框所在的图标可以拍摄静态照片；点击蓝色框所在的图标可以进入设置界面

❸ 在设置界面中，用户可以设置拍摄的相关功能

❹ 在参数设置界面，可以对曝光组合、白平衡模式、驱动模式等常用参数进行设置

❺ 点击光圈图标，在下方显示的光圈刻度表中可以滑动选择所需的光圈值

❻ 点击白平衡图标，在上方显示的详细选项中可以点击选择所需的白平衡模式

❼ 点击图中红色框所在的图标可以切换为短片拍摄模式

❽ 在短片拍摄界面中，同样可以在下方设置常用的参数功能

尼康通过智能手机遥控相机的操作方法

在智能手机上安装SnapBridge

当使用智能手机遥控尼康微单时，需要在手机中安装 SnapBridge（尼享）程序，建立双向无线连接后，可以传输照片至智能设备，也可以使用智能设备遥控照相机。

用户可以从尼康官网或各应用市场中下载SnapBridge软件。下面以尼康Z8相机为例，讲解用Wi-Fi功能将相机连接至智能手机的操作方法。

O SnapBridge 程序图标

连接前的设置

在与智能手机连接前，用户可以在"Wi-Fi连接"菜单中查看当前设定。以便在连接时，能够准确地知道尼康Z8相机的SSID名称和密码。

❶ 在**网络**菜单中点击**连接至智能设备**选项

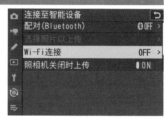

❷ 点击**Wi-Fi连接**选项

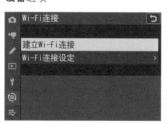

❸ 点击选择**建立Wi-Fi连接**选项

❹ 在此界面中，可以查看相机创建的Wi-Fi热点名称和密码

完成上述步骤的设置工作后，在这一步骤中需要启用智能手机的Wi-Fi功能，并接入尼康 Z8的Wi-Fi网络。

❺ 开启智能手机的Wi-Fi功能，可看到相机的无线热点

❻ 输入相机屏幕上的密码后，手机显示连接成功

用智能手机进行遥控拍摄

将相机与手机连接后，用户还可以遥控相机拍摄静态照片或录制视频。在手机与相机Wi-Fi连接有效的情况下，点击SnapBridge软件上的"遥控拍摄"即可启动实时显示遥控功能，智能手机屏幕将实时显示画面，在照片拍摄模式下，可以设置拍摄模式、光圈、快门速度、ISO、曝光补偿、白平衡模式等参数。

尼康 Z8 相机设定步骤

❶ 点击软件界面中的**遥控拍摄**选项

❷ 手机屏幕上将显示图像，点击红色框所在的图标可以拍摄照片，点击黄色框所在的图标可进入设置界面

❸ 在设置界面中，用户可以设定下载照片的文件大小、选择自拍功能及启用即时取景功能

❹ 在拍摄界面，可以对拍摄模式、曝光组合、曝光补偿、白平衡模式等常用参数进行设置

❺ 点击快门速度图标，在上方列表中，可滑动选择所需的快门速度值

❻ 点击白平衡图标，在上方列表中，滑动选择所需的白平衡模式

❼ 点击图中红色框所在的图标，可以切换为视频拍摄模式

❽ 点击下方中央的红色录制按钮，便可开始录制视频。此时，左上角会显示REC图标

索尼通过智能手机遥控相机的操作方法

安装 Imaging Edge Mobile

使用智能手机遥控索尼微单相机时，需要在智能手机中安装Imaging Edge Mobile程序。此程序可以在微单相机与智能设备之间建立双向无线连接。连接后可将照片传输至智能设备，也可以用智能设备遥控照相机。

用户可以通过索尼官网下载安装 Imaging Edge Mobile 的安卓和iOS 版本，下面以索尼 α7S Ⅲ 相机为例，讲解用 Wi-Fi 功能将相机连接至智能手机的操作方法。

○ Imaging Edge Mobile 程序图标

用智能手机进行遥控拍摄

将索尼 α7S Ⅲ 微单相机连接到手机进行拍摄时，需要先在 "网络菜单1" 中开启 "使用智能手机控制" 功能，然后在手机上连接Wi-Fi并打开Imaging Edge Mobile软件。在使用软件时，不仅可以在手机上拍摄照片，还可以在拍摄前进行设置，如快门速度、感光度、光圈、白平衡、连拍、自拍等选项。

⬇ 索尼 α7S Ⅲ 相机设定步骤

❶ 在**网络菜单**中的第1页**传输/远程**中，点击选择**使用智能手机控制**选项

❷ 点击选择**使用智能手机控制**选项

❸ 点击选择**开**选项

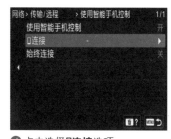

❹ 点击选择**连接**选项

❺ 将会在屏幕上显示连接二维码，此时用手机启动 Imaging Edge Mobile，扫描该二维码连接即可

❻ 手机连接 Wi-Fi 成功，出现此拍摄界面

将微单相机与计算机连接进行直播

在这个人人都可以直播的网络时代，新款微单相机支持连接计算机进行直播操作，也是与时俱进，相比利用手机摄像头直播而言，微单相机可以获得更高的画质以及画面效果。索尼 α7s Ⅲ 和佳能 R5 相机都提供了此功能。下面以这两款相机为例，讲解具体的操作方法。

利用索尼微单相机直播的操作方法

要想利用索尼 α7s Ⅲ 微单相机与计算机建立连接进行直播，需要对"USB流式传输""▶️ ᵁˢᴮ ˢᵀᴿᴹ 分辨率帧速率""▶️ ᵁˢᴮ ˢᵀᴿᴹ 动态影像录制"3个菜单进行设置，然后就可轻松实现用索尼 α7s Ⅲ 微单相机录制实时视频进行直播。

索尼 α7S Ⅲ 相机设定步骤

① 在**设置菜单**的第10页**USB**中，点击选择**USB连接模式**选项

② 点击选择**USB流式传输**选项

③ 在**拍摄菜单**的第5页**USB流式传输**中，点击选择 ▶️ ᵁˢᴮ ˢᵀᴿᴹ **分辨率/帧速率**选项

④ 选择视频的分辨率和帧速率选项，建议一般选择高清选项

⑤ 在**拍摄菜单**的第5页**USB流式传输**中，点击选择 ▶️ ᵁˢᴮ ˢᵀᴿᴹ **动态影像录制**选项

⑥ 设定在流式传输期间是否启用将视频记录到录制相机

⑦ 使用USB连接线将相机与计算机连接起来，打开OBS直播软件

⑧ 在设备栏中选择 ILCE-7M4作为录制设备，并在此界面中进行相关设置

⑨ 确认录制界面适合后，即可开始录制

利用佳能微单相机直播的操作方法

利用佳能 R5 相机连接计算机进行直播，需要先在计算机上安装兼容 UVC/UAC 的应用程序，如常用的 OBS，然后在"选择 USB 连接应用程序"菜单中选择"视频通话 / 流式传输"选项后，使用 Type C-UBS 接口连接线将相机与计算机连接起来，启动应用程序即可。

支持输出的图像分辨率和帧频分别为 1920×1080 尺寸、30 帧 / 秒。

佳能R5相机设定步骤

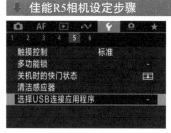 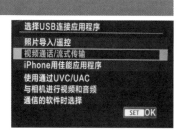

❶ 在**设置菜单5**中点击**选择USB连接应用程序**选项

❷ 点击选择连**视频通话 / 流式传输**选项

❸ 使用USB连接线将相机与计算机连接起来，打开OBS直播软件，在设备栏中选择Canon Digital Camera

❹ 确认录制界面适合后，即可开始直播

> 提示：如果使用的相机没有此类功能，则需要使用HDMI线配合视频采集卡，将相机与电脑连接起来，然后用OBS或直播伴侣等软件进行直播。